Birendra Swaroop Dwivedi
Risikesh Thakur
Rajesh Tiwari

Um estudo de caso sobre o levantamento pormenorizado do solo e a sua interpretação

Birendra Swaroop Dwivedi
Risikesh Thakur
Rajesh Tiwari

Um estudo de caso sobre o levantamento pormenorizado do solo e a sua interpretação

ScienciaScripts

Imprint

Any brand names and product names mentioned in this book are subject to trademark, brand or patent protection and are trademarks or registered trademarks of their respective holders. The use of brand names, product names, common names, trade names, product descriptions etc. even without a particular marking in this work is in no way to be construed to mean that such names may be regarded as unrestricted in respect of trademark and brand protection legislation and could thus be used by anyone.

Cover image: www.ingimage.com

This book is a translation from the original published under ISBN 978-3-659-85947-2.

Publisher:
Sciencia Scripts
is a trademark of
Dodo Books Indian Ocean Ltd. and OmniScriptum S.R.L publishing group

120 High Road, East Finchley, London, N2 9ED, United Kingdom
Str. Armeneasca 28/1, office 1, Chisinau MD-2012, Republic of Moldova, Europe
Printed at: see last page
ISBN: 978-620-5-48927-7

CONTEÚDO

Resumo executivo

O levantamento do solo e da utilização das terras ajuda a definir e a demarcar a extensão e a localização dos tipos de solo. As técnicas de avaliação das terras têm o melhor potencial para identificar a aptidão agrícola das terras e, consequentemente, para a transferência de tecnologia agrícola. Falta uma informação adequada sobre a caraterização e a classificação destes solos, pelo que foi efectuada uma investigação. Foram caracterizados e classificados quatro pedons de solo representativos e vinte amostras de solo à superfície da aldeia de Bheeta, no distrito de Jabalpur, Índia. Os solos eram moderadamente profundos (Pedon 4) a profundos (Pedons 1, 2 e 3). A cor do solo variava entre o castanho acinzentado muito escuro e o castanho amarelado escuro. A textura dos solos profundos é argilosa, enquanto a dos moderadamente profundos é franco-argilosa. Os solos profundos apresentam caraterísticas típicas de Vertisols. Os solos são calcários e o pH varia de neutro a moderadamente alcalino. O teor de carbono orgânico nestes solos era baixo à superfície e também diminuía com a profundidade. Com base nas propriedades morfológicas, físicas e químicas, o Pedon1, o Pedon2 e o Pedon3 foram classificados como Haplusterts Típicos, enquanto o Pedon 4 foi colocado sob Haplustept Típico. Os solos foram classificados em classes de irrigabilidade B, A e E. As terras com classes de irrigabilidade 2 e 3 foram as mais dominantes. A área da aldeia de Bheeta foi classificada em quatro classes IIs1, IIs2, IIIe3 e VIs. As terras com classes de capacidade IIs1 e IIIe3 eram as mais dominantes numa área substancial cultivada.

CAPÍTULO 1

Introdução

O solo é uma base de vida que foi criada pela natureza para a subsistência do mundo vivo. A agricultura de uma região depende, em grande medida, da natureza e das potencialidades dos seus solos e também das condições climáticas da região. A natureza e as caraterísticas de um solo dependem principalmente das formações geológicas, da topografia e do clima da região em que se encontra. A agricultura científica tem por objetivo melhorar a produtividade dos solos.

O aspeto fundamental, necessário para a gestão dos recursos da terra, é o conhecimento sobre o solo, que é a base para o desenvolvimento da agricultura científica numa base sólida e pode ser obtido a partir do levantamento detalhado do solo da área. Este estudo do levantamento do solo fornece uma classificação sistemática dos solos em séries bem definidas e suas fases ou outras unidades de classificação com base nas suas caraterísticas importantes através do exame de campo e de laboratório de todo o perfil do solo e a sua distribuição é apresentada sob a forma de um mapa que delineia os diferentes limites do solo.

Os solos têm perfis que são formados pelas combinações de processos de formação do solo sob a influência inter-relacionada do clima e da vegetação no material de origem, condicionados pelo relevo ao longo de um período de tempo. Nos últimos tempos, tem havido uma tendência crescente para a caraterização e classificação do solo com base na morfologia do perfil e nas suas propriedades físicas e químicas determinadas em laboratório. Assim, o perfil do solo está a ser tratado como uma unidade de estudos sistemáticos dos solos. Os perfis de solo são as amostras tradicionais de indivíduos do solo estudados no levantamento do solo.

As propriedades morfológicas e físicas do solo, como a profundidade efectiva, a textura, a estrutura, a drenagem, etc., dos subsolos e do substrato; as propriedades químicas, como o pH, as propriedades de troca catiónica e as caraterísticas associadas do terreno, como o declive, a erosão, a salinidade, etc., desempenham um papel dominante no desenvolvimento das raízes, na penetração das raízes, no arejamento das raízes, na retenção e no fornecimento de água e nutrientes às plantas em crescimento, bem como na regulação da disponibilidade de nutrientes nativos e aplicados.

O levantamento do solo e da utilização das terras ajuda a definir e a demarcar a extensão e a localização dos tipos de solo. As técnicas de levantamento do solo e de avaliação das terras têm o melhor potencial para identificar as aptidões agrícolas das terras e, consequentemente, para a transferência de agrotecnologia. O conhecimento profundo do solo é, portanto, um pré-requisito em qualquer plano de desenvolvimento nacional para uma produção sustentada. No entanto, a capacidade de produção de um solo é limitada, e os limites à produção são estabelecidos pelas suas caraterísticas intrínsecas, pelos contextos agroecológicos e pela sua utilização e gestão. Tendo estes pontos em vista, os estudos relacionados com a caraterização, classificação e interpretação dos solos da aldeia de Bheeta foram realizados com os seguintes objectivos

1. Efetuar um levantamento pormenorizado do solo da aldeia de Bheeta.
2. Estudar morfologicamente no terreno os pedregulhos de diferentes tipos de solo.

3.   Recolher amostras de solo superficiais e horizontais do pedon para a análise das propriedades físicas e químicas necessárias à interpretação das caraterísticas do solo para a avaliação das terras.

4.   Agrupar os solos em categorias taxonómicas, classes de aptidão das terras e classes de irrigabilidade das terras.

CAPÍTULO 2

Revisão da literatura

Tendo em vista resumir a informação disponível sobre os vários aspectos relevantes considerados durante a presente investigação, foi organizada neste capítulo, sob diferentes títulos, uma breve revisão do trabalho realizado até à data sobre as propriedades morfológicas, físicas e químicas dos solos negros de Madhya Pradesh e de outros locais.

2.1 Caraterísticas gerais dos solos

Gawande e Biswas (1977) estudaram os solos negros desenvolvidos sobre basalto e referiram que, durante o período cretáceo, ocorreu uma atividade vulcânica prolongada na Índia Peninsular. A meteorização e a erosão subsequentes produziram uma variedade de formas topográficas e vários tipos de solos associados a materiais basálticos. A formação de argila esmectite em todos os tipos está associada a uma elevada saturação de bases e a uma lixiviação incompleta dos produtos da meteorização. Os minerais basálticos, ricos em minerais facilmente intemperizáveis como a augite, o piroxénio e os anfibólios, produzem argila esmectitica escura que, após hidrólise parcial, leva à formação de ilite e caulinite. Murthy et al. (1982) estimaram que, na Índia, os solos negros (Vertisols e solos associados) ocupam 72,9 milhões de hectares, ou seja, 22,2 % da área geográfica total, e são vulgarmente designados por solos negros de algodão e Regurs, que provêm do Telgu Nalla Reguda, que significa terra pegajosa. Estes solos são designados por diferentes nomes em diferentes partes do país: Karail em Uttar Pradesh, Mar em Bundelkhand, Kabar e Kanhar em Madhya Pradesh; Morand, Kalikasder e Mariar em Maharashtra; Karisal em Tamil Nadu; Kali Jamin e Bhal em Gujrat; Year ou Kari em Karnataka. Ahmad (1983) afirmou que o tipo de material de origem é o fator mais importante na formação e distribuição dos Vertisols. A origem dos materiais de origem dos Vertissolos é muito variável. Os materiais de origem podem ser de origem sedimentar, ígnea ou metamórfica.

2.2 Caraterísticas morfológicas

Para uma compreensão adequada da génese e das caraterísticas dos solos e da influência dos factores genéticos nas propriedades do solo, é essencial realizar investigações sobre as caraterísticas morfológicas dos perfis do solo. Estas caraterísticas são também utilizadas como critérios de classificação dos solos. Apresenta-se aqui uma breve revisão.

2.2.1 Profundidade do solum

Bhattacharjee et al. (1977) referiram que a espessura de um horizonte variava de 110 a 130 cm e a do horizonte AC de 25 a 40 cm no caso dos Chromusterts. No seu estudo, a espessura dos horizontes AP e B foi de 16 e 44 cm, respetivamente, em Ustropepts. Tamgadge et al. (1999) estudaram dezasseis unidades de relevo do norte do Deccan plateau, Satpura range in Madhya Pradesh e indicaram que a profundidade dos solos nas colinas e nas cordilheiras é pouco profunda (<0,5 m) ou moderadamente profunda (0,5-0,75 m), enquanto no planalto, nas planícies e nas planícies aluviais é profunda (>1 m).

2.2.2 Cor do solo

A cor é uma das caraterísticas mais úteis e importantes para a identificação do solo. É verdade que o solo pode diferir muito se for identificado exclusivamente pela sua cor e, por isso, deve ser considerado com caraterísticas observáveis.

Gawande e Biswas (1977) referiram um solo argiloso escuro uniforme para os solos negros de Amaravati (Maharashtra). Segundo eles, os Vertic Ustochrepts têm uma cor castanha acinzentada escura (10 YR 3/2) em condições húmidas. A cor dos Typic Chromusterts variou de castanho-acinzentado muito escuro (10 YR 3/2) a castanho muito escuro (10 YR 2/2) em condições secas e húmidas para o horizonte A. Daji (1980) verificou que a cor dos solos negros variava consideravelmente entre o castanho claro, no caso dos solos de Murmad, e o castanho escuro nos aluviões profundos de Narmada e Tapti. Pagare (1982), ao estudar as caraterísticas morfológicas dos solos da quinta JNKVV de Jabalpur, Madhya Pradesh, observou que a cor destes solos variava entre o castanho amarelado (10 YR 5/4) e o castanho acinzentado (5 YR 5/2) e o castanho acinzentado escuro (2,5 YR 4/2) e o castanho acinzentado muito escuro (10 YR 3/2).

Os Vertisols podem ter cores variáveis, por exemplo, preto, cinzento, castanho ou vermelho, ao longo do perfil, mas normalmente têm uma fraca diferenciação de horizontes. A cor do solo foi reconhecida a um nível categórico elevado (grande grupo) nos Vertissolos anteriores da Soil Taxonomy (Soil Survey Staff, 1975) como categorias pelíticas e crómicas. Mais recentemente, os solos pelíticos de cor escura foram considerados as categorias normais do grande grupo e os Vertissolos crómicos tornaram-se intergrupos ao nível dos subgrupos (Soil Survey Staff, 1992 & 1994). A razão pela qual a cor foi considerada menos útil é o facto de não discriminar consistentemente as condições de drenagem do solo entre Vertisols. As cores pelica e crómica indicavam os Vertissolos mal e melhor drenados, respetivamente, mas na realidade estavam pouco relacionadas com os estados de oxidação (Comerma et al., 1988). Do mesmo modo, estes grandes grupos foram mal diferenciados com base nos teores de matéria orgânica. Reflectem mais frequentemente diferenças no material de origem ou na estabilidade geomórfica do solo.

Paranjape et al. (1997) estudaram pedregulhos de solos negros profundos (>1m) desenvolvidos em vales estreitos e entrincheirados na bacia hidrográfica de Jamni/Tamasvada, distrito de Wardha, Maharashtra, e verificaram que os solos eram de cor castanha muito acinzentada. Do mesmo modo, Patil et al. (1999) referiram que a cor dos solos de jardim laranja do distrito de Akola, pertencentes à ordem dos Vertisols, era castanho-acinzentado muito escuro (10 YR 3/2) a castanho-amarelado escuro (10 YR 3/4).

2.2.3 Estrutura do solo

Venkataraman e Tejwani (1962) relataram uma estrutura angular em blocos em todas as profundidades com base em 39 perfis estudados para solos negros. Dudal (1965) concluiu que os horizontes A tinham normalmente uma estrutura granular ou em blocos, embora alguns fossem maciços. Geralmente, a parte superior do horizonte era granular, sendo a parte inferior mais frequentemente em blocos ou maciça. A parte mais profunda do horizonte A1 (A12 e A13) apresentava blocos em quase todos os casos. No que diz respeito ao grau e ao tamanho, registou-se uma grande variação, ou seja, de muito fraco a forte e de granular fino a grosseiro em blocos, respetivamente.

Gawande e Biswas (1977) descreveram a estrutura de Ustorthents, Ustochrepts e Chromusterts como sendo fina a grosseira, moderada a forte, com uma estrutura de blocos subangulares a blocos angulares para o horizonte A. Surekha et al. (1997) descreveram a estrutura de dez perfis de solos negros profundos de oito distritos de Andhra Pradesh e afirmaram que a estrutura granular ocorre nas camadas superficiais, enquanto a estrutura em blocos (angular e subangular) aparece nas camadas inferiores.

2.2.4 Slickensides

Kaushal et al. (1986) referiram que os pedons representativos de quatro séries de solos (Amagaon, Sihora, Pindari e Nunsar) apresentavam caraterísticas típicas de intersecção de slickensides formando paralelepípedos com pedon cíclico. Do mesmo modo, Kachoui et al. (1992) estudaram a morfologia de oito pedregulhos de solos negros do distrito de Narsinghpur e registaram uma caraterística típica, ou seja, uma caraterística única de intersecção de slickensides formando paralelepípedos com pedregulhos cíclicos. Todos estes solos foram classificados como Vertisols. Nestes solos, os agregados estruturais em forma de cunha, também designados por paralelepípedos, estão presentes a uma profundidade de 25 a 125 cm. Estes resultam da intersecção de slickensides. Os slickensides e os agregados em forma de cunha foram descritos pela primeira vez como "lentilhas" por Krishna e Perumal (1948) e, posteriormente, como estrutura cuneiforme e bicuneiforme por muitos cientistas. Estas caraterísticas resultam de fenómenos de encolhimento e inchamento - as lentidões, as fissuras periódicas e o elevado teor de argila são os marcadores morfogénicos e as principais caraterísticas de diagnóstico comuns a todos os Vertisols na taxonomia dos solos (Soil Survey Staff, 1975, 1992, 1994).

2.2.5 Consistência do solo

Gawande e Biswas (1977) referiram a consistência dos solos negros como ligeiramente dura a dura em condições secas, firme quando húmida e pegajosa e plástica quando húmida para o horizonte A de Ustorthents e ligeiramente dura a dura quando seca, friável a firme quando húmida e pegajosa e plástica quando húmida para o horizonte A de Ustochrepts. Da mesma forma, duro a muito duro quando seco, firme a muito firme quando húmido e pegajoso e plástico a muito pegajoso e muito plástico quando húmido para o horizonte A de Chromusterts. Surekha et al. (1997) verificaram que a consistência variava de ligeiramente dura a dura em estado seco, friável em estado húmido e ligeiramente pegajosa e ligeiramente plástica a pegajosa e plástica em estado húmido ao longo dos perfis.

2.2.6 Distribuição das raízes

Paranjape et al. (1997) registaram poucas raízes finas no horizonte inferior de solos negros profundos de Maharashtra. Chinchmalatpure et al. (1998) estudaram a microbacia hidrográfica de Wunna, perto de Nagpur, e registaram raízes finas comuns no horizonte superficial e, mais tarde, poucas raízes finas a muito poucas raízes finas nos horizontes inferiores de Halpusterts Typic.

2.2.7 Calcretos

Gawande e Biswas (1977) observaram poucos e finos nódulos de calcário nos horizontes A, B e C de Chromusterts Typic. Bhattacharjee et al. (1977) registaram poucos nódulos de calcário finos no horizonte AP e poucos nódulos de calcário médio mole a muitos nódulos de calcário médio mole no horizonte B de Ustropepts. Também descreveram alguns nódulos de cal finos a muitos nódulos de cal médios e nódulos médios fortemente cimentados no caso de Chromusterts. Sawheny e Rajkumar (1993), ao estudarem as caraterísticas morfológicas de um solo argiloso grosseiro, descreveram o aumento de concreções de ferro e manganês em horizontes subsuperficiais. Segundo Gotoh (1973), a acumulação de concreções de Mn nas camadas mais profundas (horizontes C) deveu-se à sua maior mobilidade sob condições reduzidas causadas pela submersão. 2.2.8 Efervescência

Krishnamoorthy e Govindarajan (1977) registaram uma efervescência forte a violenta em todo o perfil de Vertisols. Paramasivam e Gopalswamy (1993) registaram uma efervescência violenta no horizonte C de Chromusterts Typic da zona de comando do projeto Bhavani inferior, Tamil Nadu. Sharma et al. (1997) registaram uma forte efervescência e uma efervescência violenta nas duas últimas camadas (horizontes Bw3 e C), respetivamente, do Ustochrept Typic. Enquanto Patil et al. (1999) observaram uma ligeira efervescência no horizonte A, uma forte efervescência no horizonte B e uma efervescência violenta no horizonte C para o Ustochrept Vertic e uma ligeira efervescência nos horizontes A e B e uma efervescência violenta no horizonte C para o Haplustert Typic.

2.3 Propriedades físicas

As propriedades físicas não alteram facilmente o seu padrão em comparação com as propriedades químicas do solo, pelo que contribuem de forma estável e mais útil para a classificação do solo e para o diagnóstico, gestão e melhoria dos solos cultivados.

2.3.1 Textura do solo

A textura do solo é uma das caraterísticas mais fundamentais e permanentes que têm uma influência direta na estrutura, porosidade, adesão, consistência e comportamento físico-químico do solo.

Bhattacharjee et al. (1977) registaram um elevado teor de argila em toda a profundidade, com 48,0 a 57,0 por cento no horizonte A, 53,1 a 57,8 por cento no horizonte AC e 46 a 55 por cento no horizonte C de Chromusterts. Paranjape et al. (1997) estudaram quatro solos negros profundos na bacia hidrográfica de Jamni/Tamasvada, no distrito de Wardha, em Maharashtra, e verificaram que os solos tinham uma textura argilosa com um teor de argila de 40,6 a 73,5 por cento. Do mesmo modo, Surekha et al. (1997) estudaram dez perfis de solos negros profundos de oito distritos de Andhra Pradesh e referiram que os solos eram argilosos a toda a profundidade em oito perfis e argilosos em dois perfis. Prasad e Gajbhiye (1999) referiram que os Vertisols em estudo eram argilosos e que o teor de argila era superior a 50 por cento em todos os horizontes dos perfis. De acordo com Tamgadge et al. (1999), o teor de argila que varia entre 30 e 60 por cento nos solos de encolhimento deve-se à natureza básica do material de origem, que é de grão fino.

2.3.2 Densidade a granel (BD)

Daji (1980) referiu que a densidade aparente dos solos negros em Deccan era igual a 1,39 Mgm^{-3}. Variava entre 1,10 e 1,70 Mgm^{-3}, mas era afetada tanto pela estrutura como pela textura do solo. Os solos com uma estrutura solta apresentaram uma densidade aparente mais baixa do que os solos com uma estrutura compacta. A adição de matéria orgânica reduziu a densidade aparente, uma vez que a densidade aparente do húmus é muito baixa, ou seja, 0,37 Mgm^{-3}. A densidade aparente dos diferentes horizontes aumentou com o aumento da profundidade no perfil. A camada superficial apresentou a menor densidade aparente e o material de origem a maior. A maior compactação das partículas e a menor quantidade de matéria orgânica nas camadas inferiores foram as principais responsáveis por esse comportamento. Kachoui (1985), ao estudar as propriedades físicas dos solos negros do distrito de Narsinghpur, indicou que a densidade aparente global de vários horizontes variou de 1,29 a 1,53 Mgm^{-3}. As camadas superficiais indicaram uma densidade aparente mais baixa que aumentou com a profundidade.

2.3.3 Densidade das partículas (PD)

A densidade de partículas dos solos variou de 2,50 a 2,70 com uma média de 1.1.1 Mgm^{-3} (Daji, 1980) e a densidade das partículas do solo argiloso foi de 2,66 Mgm^{-3}. Assim, a presença de óxidos de ferro como a magnetite, a limonite e a hematite, e ou de minerais ferromagnesianos como os anfibólios e os piroxénios, aumenta a densidade das partículas de um solo, uma vez que estes minerais têm uma densidade de partículas mais elevada. Kachoui (1985) referiu que a densidade global das partículas no perfil do solo variou de 2,29 a 2,47 Mgm^{-3}. De um modo geral, as solas superficiais de todos os perfis apresentaram valores mais baixos de densidade de partículas, que depois aumentaram regularmente até às últimas camadas. 2.4 Propriedades químicas

As propriedades químicas dizem respeito à composição química do solo e indicam a natureza e a extensão da meteorização e o estádio de desenvolvimento dos solos. Estas propriedades têm uma relação direta com o poder de fornecimento de nutrientes dos solos. 2.4.1 Reação do solo (pH)

A reação do solo é a caraterística mais importante que influencia muitas propriedades físicas e químicas do solo. A adequação do solo como meio para o crescimento de plantas e microrganismos desejáveis depende do facto de o solo ser ácido, neutro e alcalino, pelo que esta propriedade recebe especial ênfase na classificação do solo a nível familiar.

Murthy et al. (1982) concluíram que o pH do solo do Vertissolo e dos solos associados está relacionado com a natureza do material de origem, o clima e as situações topográficas. Mantendo-se os elementos climáticos e topográficos inalterados, o Vertissolo desenvolvido a partir de materiais de origem ricos em terras alcalinas tinha um pH mais elevado. O pH apresenta geralmente uma tendência crescente em profundidade nas zonas áridas, semi-áridas e sub-húmidas secas e em situações de baixa altitude, devido a um aumento correspondente de $CaCO_3$ e sais nas camadas do subsolo. Nas condições indianas, embora o pH varie de solo para solo, oscilando maioritariamente entre 7,5 e 8,6, pode variar entre 9,0 e 9,5 em locais que apresentam sinais de alcalinidade. Raghuwanshi et al. (1992) analisaram várias propriedades físicas e químicas de três solos diferentes, incluindo dois solos castanhos e um solo preto de Jabalpur e relataram que os solos castanhos eram ligeiramente ácidos (pH 5,6 a 6,6) enquanto o solo preto era neutro (pH 7,2). 2.4.2 Condutividade eléctrica (CE)

A condutividade eléctrica é uma medida direta da percentagem de sais solúveis em água no solo. A CE do extrato de saturação está relacionada com os sais solúveis totais, dependendo da textura. Raguwanshi et al. (1992) verificaram que a CE variava entre 0,2 e 0,5 dSm^{-1} em solos castanhos e pretos do distrito de Jabalpur. Enquanto Prasad e Gajbhiye (1999) relataram que a CE dos pedons de Vertisol variava de 0,18 a 0,40 dSm^{-1}.

1.1.3 Carbonato de cálcio ($CaCO_3$)

Gawande e Biswas (1977) registaram 0,4 a 12,9 por cento de carbonato de cálcio no caso dos Chromusterts. O teor de $CaCO_3$ aumentou com o aumento da profundidade. Deshmukh e Bapat (1993) estudaram as propriedades químicas de seis pedregulhos típicos, representando diferentes formas de relevo no distrito de Raisen, em Madhya Pradesh, e verificaram que o teor de $CaCO_3$ variava entre 1,0 e 7,8% e não apresentava qualquer relação com a profundidade.

Singh et al. (1995) verificaram que o teor de $CaCO_3$ em alguns solos negros do Rajastão variava de 8 a 112 g kg^{-1}. Em geral, aumentava com a profundidade. Chinchmalatpure et al. (1998) estudaram a microbacia hidrográfica de Wunna, perto de Nagpur, e registaram que o $CaCO_3$ variava entre 17 e 101 g kg^{-1} nos perfis de Vertisol. Em geral, aumentava com a profundidade. Do mesmo modo, Prasad e Gajbhiye (1999) referiram que o teor de $CaCO_3$ livre em alguns Vertissolos que ocorrem em diferentes eco-regiões variava entre 26 e 168 g kg^{-1}.

1.1.4 Carbono orgânico

Muitas propriedades importantes do solo, incluindo a absorção e retenção de água, as reservas de bases permutáveis, a capacidade de fornecer azoto, fósforo e outros nutrientes às culturas em crescimento, a estabilidade da estrutura do solo, a adequação do arejamento e as reacções que ocorrem durante a pedogénese dependem, em certa medida, da quantidade de matéria orgânica presente no solo.

A distribuição do carbono orgânico em solos negros profundos é uniforme até uma profundidade de 1,0 a 1,6 m. Em alguns dos solos associados pode diminuir (Murthy et al., 1982). Gawande e Biswas (1977) registaram uma diminuição do carbono orgânico com a profundidade. O conteúdo variou de 0,24 a 0,70, 0,18 a 0,60 e 0,21 a 0,76 por cento, respetivamente no caso de Ustorthents, Ustochrepts e Chromusterts. Kachoui et al. (1992) analisaram alguns solos negros do distrito de Narsinghpur e observaram que o teor de carbono orgânico variava entre 0,33 e 0,53 por cento. Deshmukh e Bapat (1993) observaram que o conteúdo orgânico dos solos variava entre 0,15 e 1,06 por cento e diminuía com a profundidade.

1.1.5 Capacidade de permuta catiónica e catiões permutáveis

A seguir à fotossíntese, os fenómenos de troca catiónica são a reação química mais importante em todo o domínio da agricultura. A CTC é considerada como um índice da fertilidade do solo e é importante para efeitos de estudos da génese do solo.

Raychaudhuri et al. (1963) concluíram que os solos negros da Índia apresentavam uma CEC elevada, que variava entre 30 e 60 cmol (p$^+$) kg^{-1} de solo. Referiram que a CEC variava com o teor de argila e a quantidade de matéria orgânica. Do mesmo modo, Bhargava (1972) referiu que a CEC do solo negro de Jabalpur (M.P.) variava entre 47,8 e 50,3 cmol (p$^+$) kg^{-1}. Murthy et al. (1982) indicaram que a CEC dos Vertisols é normalmente mais elevada, variando entre 35 e 50 cmol (p$^+$) kg^{-1} de solo, porque estes solos contêm uma quantidade relativamente grande de argilas finas. Kulkarni et al. (1986), ao estudarem os solos da quinta Jawaharlal Nehru Krishi Vishwa Vidyalaya, em Jabalpur, indicaram que os valores de CEC, Ca^{2+}, Mg^{2+} e Na$^+$ permutáveis eram de 8,32 a 42,7, 4,52 a 33,8, 0,12 a 5,3 e 0,13 a 3,4 cmol (p$^+$) kg^{-1}, respetivamente. Subhash e Manickam (1992) observaram que a CTC de Vertisols variava de 46,3 a 67,8 cmol (p$^+$) kg^{-1}, seguindo a mesma tendência que a da argila. O complexo permutável foi principalmente saturado com Ca^{2+} seguido por Mg^{2+}, enquanto em poucos casos a saturação de Na$^+$ excedeu a de Mg^{2+}. O Mg^{2+} e o Na$^+$ permutáveis aumentaram, enquanto o Ca^{2+} diminuiu com a profundidade. Deshmukh e Bapat (1993) observaram que a CTC dos solos variava de 16,2 a 56,7 cmol (p$^+$) kg^{-1} de solo. Verificou-se uma predominância de Ca^{2+} no complexo permutável e a rocha-mãe parece ser rica em bases, contribuindo assim com mais Ca^{2+} e Mg^{2+}.

2.5 Estado de fertilidade

2.5.1 Azoto disponível (N)

Dudal (1965) referiu que o teor total de azoto nos Vertisols era baixo nas regiões tropicais, uma vez que era atribuído em grande parte ao teor de húmus. Muitos solos contêm menos de 0,1 por cento de azoto nas camadas superficiais, por exemplo, cerca de 0,08 por cento nos Vertisols indianos. Kachoui (1985) observou que o azoto disponível nos solos negros de Narsinghpur variava entre 67 e 229 kg ha^{-1}. Quase todos os solos apresentavam um maior teor de N disponível à superfície, que diminuía regularmente nas últimas camadas. Padmaja et al. (1993) estudaram Vertisols dos distritos de Nalgonda e Mahaboob nagar de Andhra Pradesh e observaram que o teor de N disponível destes solos variava entre 21 e 178 kgha^{-1}. O teor mais elevado de azoto disponível foi observado nos horizontes superficiais e o mais baixo nos horizontes inferiores. Walia et al. (1998), ao estudarem algumas formas de relevo da região de Bundelkhand, em Uttar Pradesh, verificaram que o azoto disponível dos solos representava 12 a 42% do azoto total. No entanto, a gama de 95 a 159 mg N kg^{-1} de solo à superfície e 51 a 159 mg N kg^{-1} de solo nos horizontes subsuperficiais. A mineralização contínua do carbono orgânico nos solos superficiais foi responsável pelos valores mais elevados e o aumento da lixiviação e da contribuição do N mineral das camadas de aluvião pelo teor mais elevado de N nos horizontes inferiores.

2.5.2 Fósforo disponível (P)

Kachoui (1985) verificou que o P disponível variava entre 3,6 e 24,3 kgha^{-1} nos solos do distrito de Narsinghpur. Foi observada uma tendência irregular de distribuição do P disponível nos perfis do solo. Simonson (1954) registou um baixo teor de fósforo nos Vertisols. A gama de fósforo total variou entre 0,012 e 0,11% (116-1051 jig P g^{-1}) em Vertisols da Índia. O teor de fósforo total foi considerado altamente dependente do tipo e origem do material de origem e da quantidade de matéria orgânica (Coulombe et al., 1996).

2.5.3 Potássio disponível (K)

Kachoui (1985) estudou os solos negros do distrito de Narsinghpur e descobriu que o K disponível variava de 225 a 1057 kgha[-1]. O K disponível mínimo foi encontrado nos horizontes AC e C, enquanto o máximo foi encontrado nos horizontes Ap. Observou-se que todos os perfis tinham maior quantidade de K disponível nos seus horizontes superficiais.

Mishra e Srivastava (1991) estudaram a distribuição em profundidade das formas de potássio em cinco perfis de solo dos Himalaias de Gorhwal e correlacionaram-na com as propriedades do solo. Nestes solos, o teor de K disponível variou de 62,5 a 243,7 mg g[-1]. Em média, o K disponível no solo constituía apenas 103% do K do solo. Nos perfis do solo, o K disponível era mais elevado nos solos superficiais, mas diminuía nas camadas subsuperficiais. O K disponível tem uma correlação positiva com o teor de carbono orgânico, a CE e a CEC. Padmaja et al. (1993) referiram que o teor de K disponível nos Vertisols da região de Telanagana de Andhra Pradesh variava entre 34 e 403 kgha[-1]. As quantidades mais elevadas de teor de K disponível foram encontradas geralmente nos horizontes inferiores.

2.5.4 Enxofre disponível (S)

O enxofre raramente é um nutriente limitante nos Vertisols. A maioria dos solos semi-áridos contém geralmente sulfato suficiente na solução do solo para satisfazer as necessidades das culturas normais. A principal fonte de enxofre nos Vertissolos é o gesso no perfil. Nas regiões temperadas, a matéria orgânica do solo contribui para a reserva lábil de enxofre; nos solos tropicais da Índia e de África, a sua contribuição é menos significativa (Finck e Venkateshwarlu, 1982).

Nos solos de Madhya Pradesh, o teor de S disponível em 23 distritos variou de 4,9 a 43 mg kg[-1]. A análise de 7048 amostras de solos superficiais revelou uma grande variação na deficiência de S de 9,5% em solos negros profundos a 91% em solos negros pouco profundos. Globalmente, 40% dos solos de Madhya Pradesh são considerados deficientes em S. A deficiência de S mostrada foi na seguinte ordem: preto raso > aluvial > vermelho misto e preto > preto profundo > solos vermelhos e amarelos (Singh, 1995).

Aggarawal e Nayyar (1998) referiram que os teores de enxofre disponíveis variavam entre 14,0 e 35,2 mg kg[-1] nas camadas superficiais. Nas camadas inferiores, os teores variaram de 11,5 a 28,3 mg kg[-1]. O teor de S disponível nos perfis de solo com textura franco-arenosa foi mais elevado nas camadas de 0,30-0,60 e 0,60-0,90 m do solo, em comparação com outras profundidades, o que indica uma maior tendência para a lixiviação do enxofre para profundidades inferiores em solos de textura grosseira. Nos perfis de solo em que a textura das camadas superficiais (0-15 cm) era franco-arenosa seguida de areia argilosa, o S disponível era mais elevado nas primeiras e quase constante nas segundas.

2.5.5 Zinco disponível (Zn)

Vittal e Gangwar (1974) verificaram que a distribuição de Zn no perfil era afetada pela drenagem, reação do solo, argila e carbono orgânico, uma vez que afectavam a mobilização deste nutriente no solo. O Zn total aumentou com a profundidade do perfil do solo, enquanto o Zn disponível diminuiu. Takkar (1982) referiu que o Zn disponível tinha tendência para se acumular nas camadas superficiais dos solos devido ao seu revolvimento regular. A distribuição de Zn na maioria dos perfis de solo era bastante uniforme. Em alguns perfis, aumentou com a profundidade, enquanto noutros diminuiu.

Kachoui (1985) referiu que o Zn disponível em solos negros do distrito de Narsinghpur variava entre 0,10 e 0,47 mg kg^{-1}. O Zn disponível mínimo foi encontrado nos horizontes A12 a AC2, enquanto o máximo foi encontrado no horizonte Ap e diminuiu com a profundidade. Diwakar e Singh (1995) verificaram que o Zn disponível em Vertisols tem tendência a diminuir com a profundidade. A variação do Zn parece estar associada aos materiais de origem, ao carbono orgânico, à argila e ao pH. De acordo com Prasad e Gajbhiye (1999), o DTPA-Zn em alguns Vertissolos que ocorrem em diferentes ecoregiões variou entre 0,14 e 0,63 mg kg^{-1} de solo. O valor mais elevado foi registado na camada superficial dos solos de Gondkhairi. Este facto deve-se provavelmente ao efeito de enraizamento das culturas de algodão e de feijão-frade cultivadas neste solo.

2.6 Classificação (Taxonomia) dos solos

Com a introdução da taxonomia do solo (Soil Survey Staff, 1975), foram efectuadas várias alterações importantes na classificação dos Vertissolos. De acordo com a taxonomia do solo (Soil Survey Staff, 1975, 1990), os Vertissolos foram definidos como solos minerais que têm um regime de temperatura do solo frígido ou mais quente, que não têm um contacto lítico ou paralítico ou um horizonte petrocálcico ou duripã a menos de 50 cm da superfície do solo; que, após a mistura do solo superior até uma profundidade de 18 cm, tenham 30% ou mais de argila em todos os horizontes até uma profundidade de 50 cm ou mais; que, nalgum período da maior parte dos anos, apresentem fendas abertas à superfície ou à base de uma camada de arado ou crosta superficial e que tenham pelo menos 1 cm de largura a uma profundidade de 50 cm, a menos que o solo seja irrigado; e que tenham uma ou mais das seguintes caraterísticas (a) gilgai; ou (b) a uma profundidade entre 25 cm e 1 m, slickensides suficientemente próximos para se intersectarem; ou (c) a uma profundidade entre 25 cm e 1 m, agregados estruturais em forma de cunha (esfenoides), cujos eixos longitudinais estão inclinados 10^0 a 60^0 em relação à horizontal.

Murthy et al. (1982) referiram que os solos negros satisfazem as caraterísticas de diagnóstico, tais como: (1) horizonte A1 cíclico ou intermitente de espessura variável com micro-nivelamento e micro-depressão do relevo gilgai no interior do pedon, (2) pedalidade com dispersão prolata intersectando slickensides na parte superior do pedon, formando paralelepípedos com os seus eixos longos inclinados de 30^0 a 60^0 em relação à horizontal na parte inferior, (3) fendas abertas que se estendem profundamente nos pedons e relevo de gilgai na superfície, (4) dominância de argila montmorilonítica e baixo teor de matéria orgânica, (5) reação ligeiramente a fortemente alcalina (6) densidade aparente elevada e COLE > 0.09 e (7) elevada reatividade e CEC. Estes trabalhadores mencionaram que, sendo o regime de humidade predominantemente ústico, os solos são classificados como Cromustos Típicos e Pelustres Típicos, dependendo da cor, do croma e do comportamento de fendilhação. Os Usterts foram categorizados como (a) Cromustos/Pellusterts Típicos com menos de 10 meses secos, (b) Cromustos/Pellusterts Típicos Áridos com 10 ou mais meses secos e (c)

Cromustos/Pellusterts Típicos Údicos com 5 ou menos meses secos. Rahangdale e Dixit (1986) agruparam os solos da aldeia de Bheeta nas séries Sihora, Gopalpur e Kunda. No entanto, verificou-se que a série Sihore era dominante.

As revisões subsequentes da taxonomia do solo publicadas de 1975 a 1990 incluíram poucas alterações na ordem dos Vertissolos, mas em 1992 ocorreu outro conjunto importante de revisões dos Vertissolos na taxonomia do solo. A 5.ª edição das chaves para a taxonomia dos solos (Soil Survey Staff, 1992) continha novamente alterações significativas no conceito de Vertissolos. As definições de Vertissolos permaneceram semelhantes, mas a presença de gilgai deixou de ser um dos critérios auxiliares que podiam ser utilizados para os identificar. O gilgai não é uma caraterística comum a todos os Vertissolos. No entanto, quando está presente, é um bom indício da existência de Vertissolos, uma vez que não foram encontrados exemplos de gilgai sem a presença de slickensides.

A ordem Vertisol na 5.ª edição tem 6 subordens, 23 grandes grupos e 153 subgrupos. A subordem aquática foi reintroduzida. Além disso, os Vertissolos de regiões frias foram reconhecidos na subordem cripto. Isto implica que o regime de temperatura, em particular as estações de crescimento curtas e os fenómenos de congelamento e descongelamento, é mais importante do que o regime de humidade nestes Vertisols. A consideração do regime de temperatura na categoria de subordem traz alguma redundância porque também é considerado ao nível da família. No entanto, o regime de temperatura da família é mais específico porque vários tipos de classes térmicas crícicas ocorrem em diferentes condições de uso do solo e de drenagem.

As categorias dos grandes grupos têm um viés morfogenético, considerando processos como a acumulação de sal (grandes grupos sálico, nítrico, cálcico e gíptico), a acumulação de sílica (durante o grande grupo) e a profundidade de saturação pela água (epi e endogrupo).

Por último, foram distinguidos 155 taxa ao nível dos subgrupos na 8ª edição das chaves da Taxonomia do Solo (Soil Survey Staff, 1998). Alguns dos subgrupos são conceitos intergraduados ou de grau extra em relação a outras ordens de solos. No entanto, a maioria dos subgrupos tem um viés morfogenético ou de regime de humidade. É de referir que a tendência para a cor, por exemplo, o subgrupo crómico, que anteriormente ocorria ao nível do grande grupo nas versões anteriores da Soil Taxonomy, foi relegado para o nível de subgrupo nas chaves recentes. Ao nível dos grandes grupos, todos os Vertisols são considerados de cor escura (pelica). A razão pela qual a cor teve uma ênfase reduzida foi o facto de não ser um indicador muito bom do arejamento, drenagem ou utilização do solo. Reflecte geralmente a natureza do material de origem ou os processos erosivos da paisagem, mais do que os processos redoximórficos ou de acumulação de matéria orgânica.

2.7   Interpretação de levantamentos de solos

De acordo com Sehgal e Hirekerur (1986), a classificação da aptidão da terra é um agrupamento interpretativo dos solos feito principalmente para uma ampla utilização agrícola e não agrícola e baseia-se principalmente (1) nas caraterísticas inerentes ao solo (2) nas caraterísticas externas da terra; e (3) nos factores ambientais que limitam a utilização da terra. A classificação da unidade de solo em grupos de capacidade permite obter uma imagem dos riscos do solo para vários factores que causam danos, deterioração ou diminuição da fertilidade do solo e da sua potencialidade para a produção. Neste sistema, as classes I a IV são adequadas para o cultivo e as classes V a VII não são adequadas para o cultivo.

A interpretação das condições do solo e da terra para a irrigação está preocupada principalmente com a previsão do comportamento dos solos sob o regime hídrico muito alterado provocado pela introdução da irrigação. Para projectos de irrigação, as interpretações são necessárias para indicar as áreas adequadas para irrigação, as culturas que podem ser cultivadas e os rendimentos que podem ser esperados, os requisitos de fornecimento de água, as necessidades de desenvolvimento do terreno, os problemas de drenagem e as práticas especiais de recuperação.

Naidu et al. (1988) concluíram que as séries de solos que pertenciam à mesma família textural não apresentavam diferenças significativas de rendimento do trigo entre si. No entanto, as séries de solos pertencentes a famílias texturais diferentes, nomeadamente arenosos, argilosos grosseiros e argilosos finos, apresentaram diferenças significativas na produtividade da cultura do trigo. Concluiu-se que a família do solo no sistema taxonómico de classificação era o nível mais distintivo para interpretar os potenciais de rendimento dos solos e as respostas de gestão.

Verhey (1991) afirmou que a atual metodologia de avaliação das terras tem crescido historicamente a partir de sistemas anteriores que foram gradualmente melhorados e actualizados. A principal preocupação neste caso é chegar a um sistema de avaliação preciso e objetivo, baseado em definições claras e pressupostos sólidos. A avaliação mais recente procedimento foi introduzido em meados dos anos setenta pela FAO. Trata-se de um sistema de aptidão específico para as culturas que se baseia na comparação das necessidades de crescimento e produção das plantas com as condições ambientais prevalecentes. Podem distinguir-se cinco fases: (1) identificação do tipo de utilização das terras; (2) definição das suas necessidades; (3) preenchimento dos dados básicos sobre o clima, os solos e a fisiografia da zona de estudo; (4) correspondência desses dados de campo com as necessidades das culturas; e (5) determinação das classes de aptidão com base na natureza e no grau dos condicionalismos do crescimento das culturas. Khadse e Giakawad (1995) avaliaram os factores que influenciam o rendimento de diferentes culturas em solos negros do distrito de Nagpur, Maharashtra. A capacidade de água disponível (AWC) foi o fator que mais influenciou o rendimento, seguido da CEC, da argila, da profundidade e do teor de $CaCO_3$ para o sorgo; a AWC foi seguida da profundidade, do teor de $CaCO_3$, da CEC e do teor de argila para o algodão, e o teor de argila foi seguido da AWC, da CEC, da profundidade e do $CaCO_3$ para a soja. Estes resultados podem ser aplicados para uma maior produção destas culturas através da utilização adequada de solos semelhantes que ocorrem noutros locais na mesma sub-região agroclimática sob práticas de gestão científica. Isso confirma a hipótese de transferência de agrotecnologia baseada no solo por meio de validação, facilitando a extrapolação dos resultados para solos semelhantes na mesma região agroecológica.

Byju (1996) afirmou que o levantamento correto do solo e a interpretação dos resultados são necessários para a transferência de agrotecnologia. A classificação do solo proporciona um agrupamento pragmático do solo para uma previsão exacta do seu comportamento. Os levantamentos do solo são mais significativos se forem interpretados para fins práticos. O pressuposto básico é que a experiência adquirida com um determinado tipo de solo num determinado local pode ser aplicada a um tipo de solo semelhante que ocorre noutro local em situação agroclimática semelhante. A taxonomia do solo e o sistema da FAO podem fornecer a base sobre a qual se podem construir classificações interpretativas. É possível preparar uma variedade de interpretações consoante as necessidades. O "agrupamento técnico" ou classificação técnica é definido como "a colocação dos solos para objectivos práticos imediatos - que dizem respeito à utilização e gestão dos solos". A classificação técnica é o meio pelo qual se pode fornecer grupos de solos que se comportam da mesma forma. O "Framework for Land Evaluation" (FAO, 1976), sistema de capacidade de uso do solo do USDA (Klingebiel e Montgomery, 1961), são ferramentas muito úteis para interpretações de levantamentos de solos em relação a várias classes de uso do solo. Algumas das diretrizes básicas do sistema da FAO são as seguintes: (1) a aptidão da terra deve estar relacionada com a utilização específica da terra. Cada utilização ou grupo de utilizações tem um conjunto específico de requisitos do solo. Um exemplo de requisitos diferentes é o requisito de profundidade do solo para plantas de raízes profundas e pouco profundas, (2) a aptidão para cada utilização é avaliada comparando os factores de produção necessários com os benefícios recebidos, (3) este sistema reconhece a necessidade de uma abordagem multidisciplinar, (4) o sistema de avaliação deve ter em conta os padrões físicos, económicos e sociais da zona. Este princípio representa uma tentativa de estabelecer agrupamentos práticos ou classificações, (5) o impacto ambiental deve ser considerado nas classificações. O uso do solo é classificado numa base sustentada, (6) a avaliação deve envolver a comparação de mais do que um único tipo de uso.

Tamgadge et al. (1999) referiram que as terras com capacidade III e IV são as mais dominantes e representam 29,75% da área geográfica de Madhya Pradesh. As terras dominadas pela capacidade de utilização II ocupam, em conjunto, apenas 14,73%, enquanto as terras apenas marginalmente adequadas para a cultura (classe IV) prevalecem em 18,35% da área. O resto da área não é adequado para a agricultura e deve ser utilizado para pastagens ou florestas. A profundidade do solo, a topografia e a erosão, muitas vezes em combinação, são as limitações. Da mesma forma, os solos também têm limitações para a irrigação de superfície. Não existem terras irrigáveis de classe I. As terras dominadas pela classe 2 são apenas 12,29%, enquanto as da classe 3 são 36,29%.

CAPÍTULO 3

Material e métodos

3.1 Descrição geral da zona

3.1.1 cação e extensão

A área de estudo foi a aldeia de Bheeta, no distrito de Jabalpur, em Madhya Pradesh, na Índia. Situa-se entre 23°9'45" de latitude norte e 79°48'30" de longitude leste e tem áreas brutas e cultiváveis de 245,48 e 180,78 hectares, respetivamente. A aldeia de Bheeta fica a cerca de 22 quilómetros de Jabalpur. 3.1.2Fisiografia e relevo

A altitude da área da aldeia de Bheeta é de 330 a 385 metros acima do nível médio do mar (MSL). A topografia geral da aldeia é quase plana, exceto nas proximidades do rio Narmada e dos seus cursos de água. Por conseguinte, uma parte da área da aldeia no Sul está coberta por ravinas profundas. Na área plana, o declive varia entre 1 e 2 por cento e também se observam declives acentuados na área da aldeia, onde a topografia é ondulante. A área da aldeia possui um excelente sistema de drenagem, que drena com sucesso o excesso de água da área para o rio Narmada.

3.1.3Geologia

Geologicamente, existem muitos tipos de formações rochosas em todo o distrito de Jabalpur, mas no que respeita ao solo. A armadilha de Deccan é importante, tendo conferido a cor e as propriedades caraterísticas aos solos. Os solos da aldeia foram formados a partir de lavas basálticas e aluviões horizontalmente assentados. 3.1.4 Clima

Os dados climáticos médios dos últimos dez anos, ou seja, de 1989 a 1998, foram recolhidos na Estação Meteorológica, Faculdade de Engenharia Agrícola, Jabalpur (M.P.), Índia, e são apresentados no quadro 1.

O clima da aldeia de Bheeta é quente e sub-húmido. A estação quente (verão) estende-se de março a junho, quando a humidade do solo é extremamente deficiente e as condições atmosféricas são quentes e desidratantes. Durante esta estação, a atividade de crescimento das plantas é mínima e a humidade do solo é o principal fator limitante. A estação das chuvas estende-se de junho a setembro, quando as condições de humidade são óptimas e o clima é quente e húmido. Assim, as condições gerais para o crescimento adequado das plantas são mais favoráveis. A estação fria persiste de meados de outubro a março, quando as condições de humidade do solo não são críticas para o crescimento das plantas. No entanto, os aguaceiros ligeiros de inverno que ocorrem habitualmente na região são úteis para repor a humidade do solo para utilização pelas plantas durante o início da estação quente. Os dados indicam que maio é o mês mais quente, com a temperatura média máxima a subir até 41 a 46 °C. Os meses mais frios são janeiro e dezembro, com a temperatura média mínima a descer até 8,89 °C.

A maior parte da precipitação é recebida da monção do sudoeste, que geralmente começa na segunda semana de junho. A precipitação média anual é de 1332,99 mm de , sendo que mais de 85% das chuvas são recebidas durante os meses de monção.

Tabela 1: Dados de temperatura e precipitação durante (1989-98)

Months	Temperature (^{0}C)			Rainfall (mm)
	Maximum	Minimum	Average	
January	24.53	8.89	16.71	15.74
February	27.67	10.81	19.24	17.63
March	32.35	15.31	23.83	19.98
April	37.69	20.48	29.09	6.64
May	41.46	26.03	33.75	6.01
June	37.87	26.65	32.26	162.64
July	31.20	24.73	27.97	394.33
August	29.53	24.12	26.83	439.95
September	30.73	23.34	27.04	199.85
October	31.37	18.77	25.07	30.88
November	28.74	12.90	20.82	17.25
December	25.23	9.01	17.12	22.09
Mean	**31.53**	**18.42**		**1332.99**
Range	**24.53-41.46**	**8.89-26.65**		

As condições climáticas mantêm o solo seco durante 60 dias consecutivos nos 3 meses seguintes ao solstício de verão. Durante os meses de junho a outubro, os solos são geralmente húmidos. A diferença entre a temperatura média do solo no verão (MSST) e a temperatura média do solo no inverno (MWST) é superior a 5^{0}C (29.20-20.19=9.01 ^{0}C). Por conseguinte, isto satisfaz o regime de humidade do solo Ustic e o regime de temperatura do solo hipertérmico para efeitos de classificação do solo (Soil Survey Staff, 1975).

MASTRO = (31,53+18,42)/2 = 24,98 ^{0}C

MSST = [(39,01+24,39)/2] -2,5 = 29,20^{0}C

Summer	Maximum	Minimum
April	37.69	20.48
May	41.46	26.03
June	37.87	26.65
Total	**117.02**	**73.16**
Mean	**39.01**	**24.39**

MWST = [25.81+9.57)/2] + 2.5 = 17.69 + 2.5 = 20.19^{0}C

Summer	Maximum	Minimum
December	25.23	9.01
January	24.53	8.89
February	27.67	10.81
Total	**77.43**	**28.71**
Mean	**25,81**	**9.57**

MSST - MWST = 29,20 - 20,19 = 9,01 *0C*

A temperatura média anual do solo (TMA) da aldeia de Bheeta foi calculada em 24,98 ^{0}C [(31,53 + 18,42)/2] e a diferença entre a temperatura média do solo no verão (TMSV) e a temperatura média do solo no inverno (TMSI) excede 5 ^{0}C (29,20 - 20,19) = 9,01 ^{0}C. Por conseguinte, a classe de temperatura do solo é classificada como "Hipertérmica" (Quadro 1).

3.1.5 Vegetação natural

As caraterísticas do solo e as condições climáticas são responsáveis por uma condição ecológica mais adequada para o crescimento da flora natural. Os tipos proeminentes de flora natural encontrados na área são os seguintes:

Common grasses	Sawan	*Setaria glauca* L.
	Kans	*Saccharum spontaneum* L.
	Dub	*Cynodon dactylon* L.
Common Weeds	Gokharoo	*Xanthium strumarium* L.
	Danmurai	*Tridex procumhans* L.
	Dudhi	*Euphorbia hirta*
Common trees	Guava	*Psidium guajava* L.
	Mango	*Mangifera indica* L.
	Neem	*Azadirachta indica*
	Jamun	*Syzygium cuminia*
	Papaya	*Carica papaya* L.
	Tendu	*Diospyros melanoxylon*
	Pipal	*Ficus religiosa*
	Ber	*Zizyphus jujuba* L.
	Babool	*Acacia arabica* L.

3.2   Estudos do perfil do solo

A fim de estudar em pormenor os solos da aldeia de Bheeta, foi feito um percurso de campo em campo utilizando o mapa de base (1:14000) e foram recolhidas amostras de solo nos locais onde a textura e/ou o declive mudaram. No total, foram recolhidas 20 amostras de solo de superfície em toda a área da aldeia. Posteriormente, foram selecionados locais específicos que representavam variações na topografia/solo para a análise dos perfis do solo. Foram expostos quatro perfis de solo em locais selecionados da aldeia de Bheeta, cobrindo toda a aldeia. Os perfis do solo foram escavados quase até à profundidade de 200 cm. Cada um dos horizontes foi estudado morfologicamente quanto à cor, textura, estrutura, consistência, distribuição das raízes, concreções, limites, fissuras e efervescência.

As localizações de vários perfis de solo expostos em vários locais da aldeia de Bheeta são apresentadas no quadro 2.

Tabela 2. Localização dos pedons de solo

S. No.	Soil pedon	Name of farmer and location of pedon	Field No.
1.	Pedon 1	Gindu Singh, near mango orchard	140
2.	Pedon 2	Vijay Kumar, near Railway crossing	53
3.	Pedon 3	Sumsuddin, near Bhedaghat crossing	98
4.	Pedon 4	Shanker Mohan, near Jhamwani Poultry farm	175

3.2.1 Exame morfológico dos pedregulhos

Todos os quatro perfis de solo expostos, representando toda a área da aldeia de Bheeta, foram estudados nos campos relativamente a várias caraterísticas morfológicas. As descrições de todos os perfis são apresentadas no formato normalizado (Soil Survey Staff, 1975).

Pedon 1 - (Figura 1)

Localização : Campo n.º 140, perto do pomar de mangueiras

Ap	0-10 cm- Brown to dark brown (10 YR 4/3 D) and dark greyish brown (10 YR 4/2 M) clay : weak fine granular to subangular blocky structure; very hard firm, sticky and plastic; many fine roots; few, fine to medium iron – manganese concretions; slightly alkaline (pH 7.4); abrupt wavy boundary.
Bw1	10-31 cm- Dark brown (10 YR 3/3 D & M) clay; moderate coarse angular blocky structure; very hard, firm, sticky and plastic; few, fine roots; few, fine to medium iron – manganese concretions; neutral (pH 7.3); diffuse smooth boundary.
Bw2	31-30 cm- Dark brown (10 YR 3/3 D) and very dark greyish brown (10 YR 3/2 M) clay; strong coarse prismatic breaking into angular blocky structure with weak pressure faces; very hard, firm, sticky and plastic, few, tine roots; few, fine to medium iron-manganese concretions; slightly alkaline (pH 7.5); gradual wavy boundary.
Bss1	50-77- Dark brown (10 YR 3/3 D) and very dark greyish brown (10 YR 3/2 M) clay; strong coarse prismatic breaking into strong medium to coarse angular blocky structure with slickensides; very hard, firm, sticky, and plastic; few, fine roots; few, fine to medium iron-manganese concretions; slightly alkaline (pH 7.5); gradual wavy boundary.
Bss2	77-101 cm- Dark brown (10 YR 3/3 D) and very dark greyish brown (10 YR 3/2 M) clay; strong coarse prismatic breaking into strong medium angular blocky structure with slickensides close enough to intersect; very hard, firm, sticky, and plastic; few, fine roots; few, fine to medium calcrets; slightly effervescent; slightly alkaline (pH 7.5); gradual wavy boundary.
BC	101-122 cm - Dark brown (10 YR 3/3 D) and brown to dark brown (10 YR 4/2 M) clay loam; moderate medium subangular blocky structure; very hard, firm, sticky, and plastic; few, fine roots; few, fine to medium calcrets; slightly effervescent; slightly alkaline (pH 7.5); abrupt wavy boundary.
C	122-150 cm - Yellowish brown (10 YR 5/4 D) and dark yellowish brown (10 YR 3/2 M) clay loam; moderate medium subangular blocky structure; hard, friable, slightly sticky and slightly plastic, common, fine to medium calcrets; strong effervescent; slightly alkaline (pH 7.7).

Relevo : Terreno quase plano

Drenagem : Moderadamente bem drenado

Erosão: Ligeira erosão, mas a maior parte dos campos estão cobertos por um fosso.

Vegetação : Gramíneas, Acacia spp., Ziziphus spp. e Mangifera indica.

Utilização do solo: Cultivado com arroz e grama.

Figura 1: Pedon 1 (fino, montmorilonítico, hipertérmico, Typic Haplustert)

Pedon 2 - (Figura 2)
Localização: campo n.º 53, perto do cruzamento ferroviário

Ap	0.5- cm - Dark greyish brown (10 YR 4/2 D) and very dark greyish brown (10 YR 3/2 M) clay; granular to weak fine subangular blocky structure; soft, firm, sticky and plastic; many and fine roots, few, fine to medium iron-manganese concretions; neutral (pH 7.3); abrupt smooth boundary.
AB	5-20 cm- Dark greyish brown (10 YR 4/2 D) and very dark greyish brown (10 YR 3/2 M) clay; strong coarse subangular blocky structure; slightly hard, firm, sticky and plastic, many, fine roots; few, fine to medium iron-manganese concretions; slightly alkaline (pH 7.7); diffuse smooth boundary.
Bw	20-38 cm- Very dark greyish grown (10 YR 3/2 D & M) clay; strong coarse prismatic breaking into angular blocky structure with pressure faces; hard, firm, sticky and plastic; few, fine roots; few, fine iron-manganese concretions; slightly alkaline (pH 7.5); clear wavy boundary.
Bss1	38-44 cm -Very dark greyish brown (10 YR 32/2 D & M) clay; strong coarse prismatic breaking into angular blocky structure with slickensides close enough to intersect hard, firm, sticky and plastic, few and fine roots; few, fine iron-manganese concretions; slightly alkaline (pH 7.6); diffuse smooth boundary.
Bss2	44-114 cm-Very dark greyish brown (10 YR 3/2 D&M) clay; strong coarse prismatic breaking into angular blocky structure with slickensides; hard, firm, sticky and plastic, few, fine roots; few, fine iron-manganese concretions; slightly alkaline (pH 7.6); diffuse smooth boundary.
BC	114-143 cm- Very dark greyish brown (10 YR 3/2 D&M) clay; strong coarse angular blocky structure with pressure faces; hard, firm, sticky and plastic; few, fine roots; few fine iron-manganese concretions; slightly alkaline (pH 7.5); diffuse smooth boundary.
C1	143-172 cm- Dark greyish brown (10 YR 4/2 D&M) clay; massive structure; hard, firm, sticky and plastic; few, fine iron-manganese concretions; slightly alkaline (pH 7.6); clear wavy boundary.
C2	172-190 cm- Dark yellowish brown (10 YR 4/4 D) and dark brown to brown (10 YR 4/3 M) clay loam; massive structure, hard, friable, slightly sticky and slightly plastic; many fine calcrets; strongly effervescent; moderately alkaline (pH 7.9).

Relevo : Terreno quase plano
Drenagem : Moderadamente bem drenado
Erosão : Ligeira erosão, mas a maior parte dos campos estão tapados com barreiras.
Vegetação : Gramíneas, Acacia spp., Ziziphus spp. e Mangifera indica.
Utilização do solo : Cultivado com girassol e trigo.

Figura 2: Pedon2 (Fino, montmorilonítico, hipertérmico, Typic Haplustert)

Pedon 3 - (Figura 3)
Localização : Campo n.º 98, perto do cruzamento de Bhedaghat

Ap	0-10 cm- Dark greyish brown (10 YR 4/2 D) and dark brown (10 YR 3/3 M) clay; weak fine granular to subangular blocky structure; slightly hard, firm, sticky and plastic; many fine roots; few, fine iron – manganese concretions; neutral (pH 7.1); abrupt wavy boundary.
Bw1	10-28 cm- Dark greyish brown (10 YR 4/2 D) and very dark grayish brown (10 YR 3/2 M) clay; strong coarse subangular blocky structure; hard, firm, sticky and plastic, few and fine roots; few, fine iron – manganese concretions; slightly alkaline (pH 7.4); diffuse smooth boundary.
Bw2	28-68 cm-Dark greyish brown (10 YR 4/2 D) and very dark greyish brown (10 YR 3/2 M) clay; strong coarse prismatic breaking into angular blocky structure with weak pressure faces; hard, firm, sticky and plastic, few, fine roots; few and fine iron-manganese concretions; slightly alkaline (pH 7.5); diffuse smooth boundary.
Bss1	68-92 cm- Dark greyish brown (10 YR 4/2 D) and very dark greyish brown (10 YR 3/2 M) clay; strong coarse prismatic breaking into angular block structure with slickensides; hard, firm, sticky, and plastic; few and fine roots; few, fine iron-manganese concretions; neutral (pH 7.5); clear wavy boundary.
Bss2	92-136 cm- Dark greyish brown (10 YR 4/2 D) and very dark greyish brown (10 YR 3/2 M) clay; strong coarse prismatic breaking into angular blocky structure with slickensides close enough to intersect; hard, firm, sticky and plastic; few, fine roots; neutral alkaline (pH 6.9); gradual wavy boundary.
C1	136-168 cm- Dark brown to brown (10 YR 4/3 D&M) clay loam; moderate in medium angular blocky structure with pressure faces; hard, firm, sticky and plastic, few fine roots; coarse few calcrets; strongly effervescent; slightly alkaline (pH 7.6); clear smooth boundary.
C2	168-195 cm-Yellowish brown (10 YR 5/4 D) and dark yellowish brown (10 YR 4/4 M) sandy clay loam; moderate medium subangular blocky structure; slightly hard, friable, slightly sticky and slightly plastic, coarse, few calcrets; violent effervescent; moderately alkaline (pH 7.9).

Relevo : Suavemente inclinado

Drenagem : Moderadamente bem drenado

Erosão: Ligeira erosão, mas a maior parte dos campos está coberta por um fosso.

Vegetação : Gramíneas, Acacia spp., Ziziphus spp.

Utilização do solo : Cultivo de mung e trigo.

Figura 3: Pedon3 (Fino, montmorilonítico, hipertérmico, Typic Haplustert)

Pedon 4 - (Figura 4)

Localização : Campo n.º 175, perto da exploração avícola de Jhamwani

Ap	0-16 cm- Yellowish brown (10 YR 5/4 D) and dark yellowish brown (10 YR 4/4 M) clay loam; weak fine granular to subangular blocky structure; slightly hard, friable, slightly sticky and slightly plastic; many fine roots; few, fine calcrets; slightly effervescent; neutral (pH 7.3); gradual smooth boundary.
Bw1	16-42 cm- Yellowish brown (10 YR 5/4 D) and dark brown to brown (10 YR 4/3 D) clay loam; moderate medium sub angular blocky structure; hard, friable, slightly sticky and slightly plastic; few, very fine roots; many and medium calcrets; slightly effervescent; slightly alkaline (pH 7.8); diffuse smooth boundary.
Bw2	42-90 cm- Yellowish brown (10 YR 5/4 D) and dark brown to brown (10 YR 4/3 M) clay loam; moderate medium sub angular blocky structure; hard, friable, slightly sticky and slightly plastic; many and fine roots; may, medium calcrets; strongly effervescent; slightly alkaline (pH 7.7); diffuse smooth boundary.
C1	90-138 cm-Light yellowish brown (10 YR 5/4 D) and dark yellowish brown (10 YR 4/4 M) sandy clay loam; moderate medium subangular blocky structure; soft, friable, slightly sticky and slightly plastic; few, fine roots; few, fine calcrets; violently effervescent; slightly alkaline (pH 7.8); diffuse smooth boundary.
C2	138-160 cm- Light yellowish brown (10 YR 6/4 D) and dark yellowish brown (10 YR 4/4 M) sandy clay loam; moderate medium subangular blocky structure; soft, friable, slightly sticky and slightly plastic; few, fine calcrets; slightly plastic; few, fine calcrets; violently effervescent; slightly alkaline (pH 7.7).

Relevo : Moderadamente inclinado
Drenagem : Bem drenada
Erosão : Erosão moderada a grave.
Vegetação : Gramíneas, Acacia spp., Ziziphus spp.
Utilização das terras : Em pousio na kharif mas com trigo na rabi

Figura 4: Pedon4 (fino, misto, hipertérmico, haplustept típico)

3.3 Métodos de análise do solo

Foram expostos quatro perfis de solo de acordo com a variação da textura do solo, cor, declive, etc., até 2 metros de profundidade ou até ao leito rochoso, o que fosse menos profundo, para estudos morfológicos. Foram recolhidas amostras de solo de cada horizonte para análise laboratorial.

Foram também recolhidas amostras de solo à superfície (0-15 cm) nos locais onde ocorreram variações de textura e de declive. As amostras de solo à superfície, bem como as amostras de solo de diferentes horizontes dos perfis de solo, foram cuidadosamente preparadas e analisadas quanto às várias propriedades físicas e químicas.

3.3.1 Preparação das amostras de solo

Antes da análise, todas as amostras de solo foram secas ao ar sob o telheiro, esmagadas com um pilão e um almofariz de madeira e passadas por um peneiro de 2 mm. Os cascalhos, concreções, etc., de tamanho igual ou superior a 2 mm encontrados nas amostras, foram removidos aquando da peneiração. As amostras de solo assim preparadas foram utilizadas para o trabalho analítico subsequente.

3.3.2 Propriedades físicas

(i) **Textura do solo (análise granulométrica)** - A análise mecânica foi efectuada pelo método do hidrómetro de Bouyoucous, tal como descrito por Kanwar e Chopra (1984). A determinação da distribuição relativa de areia, fenda e argila foi efectuada com base no princípio de stock's low pelo método do hidrómetro de Bouyoucous, tal como descrito por Bouyoucos (1927).

40 g de amostra de solo (<2 mm) foram colocados num copo de 600 ml e tratados com H_2O_2 para remoção da matéria orgânica por oxidação. Após a remoção de uma quantidade excessiva de H_2O_2 por aquecimento, foi adicionada uma quantidade conhecida de solução de hexametafosfato de sódio. O conteúdo foi transferido para um recipiente de agitação e foi agitado com um agitador elétrico durante 10 minutos. O conteúdo foi novamente transferido para um cilindro de sedimentação de um litro e o volume foi completado para um litro com água destilada. Com a ajuda de uma rolha de borracha, o conteúdo foi cuidadosamente agitado à mão, para cima e para baixo, durante um minuto. O hidrómetro foi introduzido na proveta e a primeira leitura (para silte e argila) foi efectuada após 40 segundos, partindo do princípio de que as partículas de diâmetro superior a 0,2 mm (areia) assentaram. Pouco depois, registou-se a temperatura da solução do solo. Mantendo a suspensão inalterada durante 2 horas, foi feita a segunda leitura do hidrómetro para a fração argilosa. A temperatura da suspensão foi novamente registada. Os factores de correção, calculados multiplicando a diferença de temperatura acima ou abaixo de 20 ^{0}C por 0,2, foram adicionados ou subtraídos das leituras do hidrómetro, respetivamente. Foram também registadas leituras em branco, uma após 40 segundos e outra após 2 horas. Os cálculos para todas as três separações de solo foram efectuados através das seguintes fórmulas.

$$\% \text{ (silte+argila)} = \frac{1^{st} \text{ leitura - leitura em branco} \pm \text{Correção da temperatura}}{\text{Peso do solo}} \times 100$$

$$\% \text{ (argila)} = \frac{2^{nd} \text{ leitura - leitura em branco} \pm \text{Correção da temperatura}}{\text{Peso do solo}} \times 100$$

% silte = % (silte+argila) - % argila

% areia = 100 - % (silte + argila)

(ii) **Densidade a granel (DB)** : A densidade aparente foi determinada pelo método de batida como descrito por Johnson (1979).

(iii) **Densidade das partículas (DP)** : A densidade das partículas foi determinada pelo método do picnómetro, tal como descrito por Richards (1954).

3.3.3 Propriedades químicas

(i) **Reação do solo (pH)**: O pH do solo foi determinado com a ajuda do medidor de pH de elétrodo de vidro Beckman numa suspensão 1:2,5 solo : água mantida durante meia hora após agitação (Piper, 1966).

(ii) **Condutividade eléctrica (CE)** : A CE foi determinada a partir da mesma suspensão de solo utilizada para a determinação do pH. Foi determinada utilizando o método "Solubridge" (Piper, 1966).

(iii) **Carbono orgânico (CO)** : O carbono orgânico foi determinado pelo método de titulação rápida de Walkley e Black (1934). Neste método, a matéria orgânica é oxidada pela utilização de ácido crómico e pelo calor gerado durante a diluição do ácido sulfúrico (H_2SO_4). O excesso de dicromato é novamente titulado com uma solução de sulfato ferroso de amónio (Piper, 1966).

(iv) **Carbonato de cálcio** : O carbonato de cálcio foi determinado pelo método rápido, no qual os carbonatos foram neutralizados pelo ácido padrão (HCl 1N), e a força do ácido assim reduzido foi medida por titulação posterior com álcali padrão (NaOH 0,5 N), conforme descrito por Piper (1966).

(v) **Capacidade de permuta catiónica (CEC)** : A capacidade de troca catiónica foi determinada com acetato de sódio normal (pH 8,2), acetato de amónio (pH 7,0) e álcool isopropílico pelo método de centrifugação (Bower et al., 1952).

(vi) **Ca permutável^{++} e Mg^{++}** : O Ca permutável^{++} e o Mg^{++} foram determinados em acetato de sódio normal (pH 8,2) lixiviado do solo. As titulações para Ca^{++} e Ca^{++} mais Mg^{++} foram efectuadas com ácido etileno diamina tetra-acético (EDTA) utilizando os indicadores Calcon e Erichrome black-T (EBT), respetivamente, tal como descrito por Black (1965).

(vii) **K permutável^{+} e Na^{+}** : O K permutável^{+} e o Na^{+} foram determinados no lixiviado de acetato de amónio normal neutro por fotómetro de chama EEL (Black, 1965).

3.3.4 Estado de fertilidade

(a) Azoto disponível (N) : O azoto disponível foi determinado por destilação do solo com permagnato de potássio e solução de hidróxido de sódio (Subbiah e Asija, 1956).

(b) Fósforo disponível (P) : O fósforo disponível foi extraído por bicarbonato de sódio a 0,5 m e foi determinado utilizando o colorímetro Klett summerson após o desenvolvimento de cor azul através de cloreto estanoso (Olsen et al., 1954).

(c) Potássio disponível (K) : O potássio disponível foi extraído por acetato de amónio normal neutro e foi estimado utilizando um fotómetro de chama (Muhr et al., 1963).

(d) Enxofre disponível (S) : O enxofre disponível extraído pelo reagente de Morgan em 30 minutos de agitação foi determinado pelo método da turbidez com a ajuda do colorímetro Klett Summerson.

(e) Zinco disponível (Zn) : O zinco disponível extraído por solução de DTPA 0,05m em 2 horas de agitação, foi determinado por espetrofotómetro de absorção atómica AA 120 (Lindsay e Norvell, 1978).

CAPÍTULO 4

Resultados

O levantamento pormenorizado do solo da aldeia de Bheeta foi efectuado durante o verão de 1998. Os pedons de solo foram estudados no campo e foram recolhidas amostras de solo por horizonte, juntamente com amostras de solo à superfície (0-15 cm). Os resultados das caraterísticas morfológicas estudadas no campo e das propriedades físicas e químicas dos solos determinadas em laboratório são apresentados neste capítulo. O objetivo de apresentar os resultados de acordo com os pedons do solo é conhecer as variações nas suas caraterísticas, bem como para estudos comparáveis.

4.1 Caraterísticas morfológicas

As descrições morfológicas pormenorizadas dos quatro pedregulhos estudados foram apresentadas no capítulo anterior. As descrições breves dos pedregulhos em forma abreviada são apresentadas no quadro 3.

4.1.1 Profundidade do solum

Os dados relativos à profundidade do solo apresentados na tabela 3 indicam que os podões 1, 2 e 3 têm uma profundidade de solo superior a um metro, ou seja, 122, 143 e 136 cm, respetivamente. A profundidade do solo do pedon 4 era menor que um metro (90 cm).

4.1.2 Cor do solo

A cor do solo (Tabela 3) mudou imediatamente abaixo de 10 cm no caso do pedon 1, enquanto foi a mesma até a profundidade de 20 cm no pedon 2. A cor do solo era a mesma em toda a profundidade do solo nos pedons 3 e 4. A cor da superfície do pedon 1 era castanha (10 YR 4/3), enquanto a dos pedons 2 e 3 era castanha acinzentada escura (10 YR 4/2), e a do pedon 4 era castanha amarelada (10 YR 5/4) em estado seco e castanha acinzentada escura (10 YR 4/2), castanha acinzentada muito escura (10 YR 3/2), castanha escura (10 YR 3/3) a castanha amarelada escura (10 YR 4/4) em estado húmido, respetivamente. Os horizontes do subsolo do pedon 1 apresentavam uma cor castanha escura (10 YR 3/3) a castanha amarelada (10 YR 5/4), enquanto os horizontes do subsolo do pedon 2 apresentavam uma cor castanha acinzentada escura (10 YR 4/2) a castanha acinzentada muito escura (10 YR 3/2) e castanha amarelada escura (10 YR 4/4). As cores do horizonte do subsolo no pedon 3 eram castanho-acinzentado escuro (10 YR 4/2) a castanho-amarelado (10 YR 5/4), enquanto as do pedon 4 eram castanho-amarelado (10 YR 5/4) a castanho-amarelado claro (10 YR 6/4) em estado seco e castanho-escuro (10 YR 3/3), castanho-acinzentado muito escuro (10 YR 3/2), castanho-amarelado escuro (10 YR 4/4) e castanho (10 YR 4/3) em estado húmido, respetivamente.

4.1.3 Estrutura do solo

A estrutura granular a sub-bloco angular fina e fraca foi observada nos horizontes superficiais do solo de todos os pedons da aldeia de Bheeta em estudo. A estrutura dos horizontes do sub-solo dos pedons 1, 2 e 3 foi notada como moderadamente grosseira angular em blocos a forte grosseira sub angular em blocos e estrutura prismática quebrando para forte estrutura grosseira angular em blocos. Os horizontes do sub-solo do pedon 4 permaneceram com uma estrutura de blocos subangulares médios moderados ao longo do perfil.

4.1.4 Slickensides

Os slickensides suficientemente próximos para se intersectarem foram observados nos pedons 1, 2 e 3. No entanto, os slickensides estavam ausentes no pedon 4. Faces de pressão também foram observadas nos pedons 1, 2 e 3.

4.1.5 Consistência do solo

A consistência dos horizontes superficiais e subsuperficiais do pedúnculo 1 era muito dura em condições secas, firme em condições húmidas e pegajosa e plástica em condições húmidas em todo o pedúnculo, mas na última camada foi encontrada dura, friável, ligeiramente pegajosa e ligeiramente plástica em condições secas, húmidas e molhadas, respetivamente. No caso dos pedons 2 e 3, a consistência dos solos superficiais era suave a ligeiramente dura em condições secas, firme em estado húmido e pegajosa e plástica em condições húmidas. Nos horizontes sub-superficiais dos pedregulhos 2 e 3, a consistência foi observada como ligeiramente dura a dura, firme e pegajosa e plástica em condições secas, húmidas e molhadas, respetivamente, em todos os pedregulhos, mas nas últimas camadas foi encontrada ligeiramente dura a dura, friável e ligeiramente pegajosa e ligeiramente plástica. A consistência do solo superficial do pedon 4 era ligeiramente dura, friável, ligeiramente pegajosa e ligeiramente plástica em condições secas, húmidas e molhadas, respetivamente. Nos horizontes subsuperficiais do pedon 4, a consistência foi observada como dura a macia, friável e ligeiramente pegajosa e ligeiramente plástica, respetivamente em condições secas, húmidas e molhadas.

4.1.6 Distribuição das raízes

Foram observadas muitas raízes finas nos solos superficiais de todos os pedons. No entanto, a maioria das raízes finas e poucas foram encontradas nas camadas do subsolo. As raízes estavam ausentes nos últimos horizontes de todos os pedons em estudo.

4.1.7 Calcretes/concreções

Os calcretos estavam quase ausentes nos horizontes superficiais de todos os pedons, exceto no pedon 4, onde foram encontrados alguns calcretos finos na camada superficial. As concreções de ferro-manganês foram observadas ao longo do perfil em todos os pedons até ao horizonte Bss1, exceto no pedon 4. Os concretos foram observados nos horizontes inferiores dos pedons 1, 2 e 3, enquanto que no pedon 4 foram observados muitos concretos médios e poucos finos ao longo do perfil.

4.1.8 Efervescência

Com exceção dos horizontes Bss2 e BC do pedúnculo 1, não houve desenvolvimento de efervescência com HCl diluído nos horizontes superficiais e subsuperficiais dos pedúnculos 1, 2 e 3. No entanto, no substrato, ou seja, no horizonte C, a efervescência variou de ligeira a violenta nestes perfis. No caso do pedon 4, foram observadas efervescências ligeiras a fortes e violentas em toda a profundidade do perfil do solo. 4.1.9 Limite

Os limites dos horizontes superficiais dos pedregulhos 1 e 3 foram abruptamente ondulados, enquanto os limites dos horizontes sub-superficiais dos pedregulhos 1 e 3 foram difusamente lisos a gradualmente ondulados e abruptamente ondulados, e difusamente lisos a claramente ondulados e gradualmente lisos, respetivamente. O limite do horizonte superficial do pedon 2 foi abruptamente suave, enquanto o do horizonte subsuperficial foi difusamente suave em todo o pedon, exceto nos horizontes Bw e C1, onde foi claramente ondulado. O limite do horizonte superficial do pedon 4 era gradualmente liso, enquanto os horizontes subsuperficiais eram difusamente lisos.

Quadro 3: Caraterísticas morfológicas dos pedregulhos

Horizon	Depth (cm)	Munsell Colour		Texture	Structure	Consistency			Concretions	Effervescence	Boundary	Roof distribution	Slickensides
		10 YR (D)	10 YR (M)			Dry	Moist	Wet					
Pedon-1													
Ap	0-10	4/3	4/2	c	gr-1f sbk	vh	fi	s&p	ff-m, conir	-	aw	mf	-
Bw1	10-31	3/3	3/3	c	2c abk	vh	fi	s&p	ff-m, conir	-	ds	ff	-
Bw2	31-50	3/3	3/2	c	pr-3c abk	vh	fi	s&p	ff-m, conir	-	gw	ff	PF
Bss1	50-77	3/3	3/2	c	pr-3c abk	vh	fi	s&p	ff-m, conir	-	gw	ff	ss
Bss2	77-101	3/3	3/2	c	pr-3m abk	vh	fi	s&p	ff-m, conca	e	gw	ff	ss
BC	101-122	3/3	4/3	cl	2m sbk	vh	fi	s&p	ff-m, conca	e	aw	ff	-
C	122-150	5/4	4/4	cl	2m sbk	h	fr	ss&ps	cf-m, conca	es	-	-	-
Pedon-2													
Ap	0-5	4/2	3/2	c	gr-1f sbk	s	fi	s&p	ff-m, conir	-	as	mf	-
AB	5-20	4/2	3/2	c	3c sbk	sh	fi	s&p	ff-m, conir	-	ds	mf	-
Bw	20-38	3/2	3/2	c	pr-3c abk	h	fi	s&p	ff- conir	-	cw	ff	PF
Bss1	38-44	3/2	3/2	c	pr-3c abk	h	fi	s&p	ff- conir	-	ds	ff	ss
Bss2	44-114	3/2	3/2	c	pr-3c abk	h	fi	s&p	ff- conir	-	ds	ff	ss
BC	114-143	3/2	3/2	c	3c abk	h	fi	s&p	ff-conir	-	ds	-	PF
Cw1	143-172	4/2	4/2	c	massive	h	fi	s&p	-	-	cw	-	-
Cw2	172-190	4/4	4/3	cl	massive	h	fr	ss&ps	fm-conca	es	-	-	-
Pedon-3													
Ap	0-10	4/2	3/3	c	gr-1m sbk	sh	fi	s&p	ff-conir	-	aw	mf	-
Bw1	10-28	4/2	3/2	c	3c sbk	h	fi	s&p	ff-conir	-	ds	ff	-
Bw2	28-68	4/2	3/2	c	pr-3c abk	h	fi	s&p	ff- conir	-	ds	ff	PF
Bss1	68-92	4/2	3/2	c	pr-3c abk	h	fi	s&p	ff- conir	-	cw	ff	ss
Bss2	92-136	4/2	3/2	c	pr-3c abk	h	fi	s&p	-	-	gs	ff	ss
C1	136-168	4/3	4/3	cl	2m abk	h	fi	s&p	cf-conca	es	cs	ff	-
C2	168-195	5/4	4/4	scl	2m abk	sh	fr	ss&ps	cf-conca	ev	-	-	-
Pedon-4													
Ap	0-16	5/4	4/4	c l	gr-1f sbk	sh	fr	ss&ps	ff-conca	e	gs	mf	-
Bw1	16-42	5/4	4/3	c l	2m sbk	h	fr	ss&ps	mm-conca	e	ds	vff	-
Bw2	42-90	5/4	4/3	c l	2m sbk	h	fr	ss&ps	mm-conca	es	ds	mf	-
C1	90-138	6/4	4/4	s c l	2 m sbk	s	fr	ss&ps	ff-conca	ev	ds	ff	-
C2	138-160	6/4	4/4	s c l	2m sbk	s	fr	ss&ps	ff-conca	ev	-	-	-

4.2 Propriedades físicas

As propriedades físicas do perfil do solo da aldeia de Bheeta, como a textura do solo e a densidade determinada em laboratório, são apresentadas no quadro 4.

Quadro 4: Separação do solo, textura do solo e densidade do solo

Horizon	Depth (cm)	Sand (%)	Silt (%)	clay (%)	Soil texture	Bulk density (Mgm^{-3})	Particles density (Mgm^{-3})
Pedon-1							
Ap	0-10	33.42	22.04	44.54	c	1.36	2.36
Bw1	10-31	31.85	20.93	47.22	c	1.46	2.45
Bw2	31-50	40.67	13.19	46.14	c	1.50	2.45
Bss1	50-77	37.23	16.02	46.75	c	1.56	2.47
Bss2	77-101	35.50	22.72	41.78	c	1.58	2.50
BC	101-122	40.40	21.65	37.95	cl	1.58	2.49
C	122-150	43.46	20.89	35.65	cl	1.61	2.50
Mean	-	**37.50**	**19.63**	**42.86**		**1.52**	**2.46**
Pedon-2							
Ap	0-5	30.25	20.40	49.35	c	1.31	2.30
AB	5-20	32.65	18.72	48.63	c	1.35	2.36
Bw	20-38	31.32	18.42	50.26	c	1.50	2.40
Bss1	38-44	30.87	17.81	51.32	c	1.55	2.52
Bss2	44-114	29.74	16.92	53.34	c	1.58	2.52
BC	114-143	30.81	19.03	50.16	c	1.59	2.53
Cw1	143-172	33.87	20.37	45.74	c	1.59	2.53
Cw2	172-190	41.92	21.19	36.89	cl	1.57	2.53
Mean	-	**32.67**	**19.10**	**48.21**		**1.50**	**2.46**
Pedon-3							
Ap	0-10	29.10	22.30	48.60	c	1.32	2.32
Bw1	10-28	30.00	22.50	47.50	c	1.38	2.35
Bw2	28-68	33.55	19.60	46.85	c	1.45	2.37
Bss1	68-92	31.15	21.60	47.25	c	1.50	2.41
Bss2	92-136	32.24	18.34	49.42	c	1.54	2.41
C1	136-168	40.57	20.87	38.56	cl	1.56	2.45
C2	168-195	49.75	24.39	25.86	scl	1.59	2.55
Mean	-	**35.19**	**21.37**	**43.43**		**1.46**	**2.40**
Pedon-4							
Ap	0-16	41.65	23.95	34.40	cl	1.32	2.34
Bw1	16-42	40.41	22.05	37.54	cl	1.38	2.32
Bw2	42-90	40.12	21.46	38.42	cl	1.40	2.47
C1	90-138	46.73	25.64	27.63	scl	1.47	2.47
C2	138-160	49.39	27.49	23.12	scl	1.56	2.38
Mean	-	**43.66**	**24.11**	**32.22**		**1.42**	**2.39**
Overall mean		**37.25**	**21.05**	**41.68**		**1.47**	**2.43**

4.2.1 Textura do solo (análise granulométrica)

A análise granulométrica foi realizada para determinar a quantidade de diferentes fracções de partículas do solo, como areia, silte e argila, presentes em diferentes horizontes dos perfis do solo. A textura do solo do pedon 1 variou de argila nos horizontes superficiais e subsuperficiais a argila no horizonte C. A fase textural do pedon 2 foi considerada argilosa em todo o solum e argilosa no horizonte C2. A textura do solo do pedon 3 era argilosa no solum, mudando para franco-argilosa e franco-arenosa nos horizontes C. A distribuição de areia, silte e argila no pedon 3 era irregular, sem qualquer tendência. A textura do solo do pedon 4 era franco-argilosa no solum e argilo-arenosa nos horizontes C. O teor de argila diminuiu abruptamente no horizonte C.

4.2.2 Densidade a granel (BD)

Os dados apresentados no quadro 4 indicam que a densidade aparente global de -3 Os valores médios de teor de água nos vários horizontes variaram de 1,31 a 1,61 Mgm . O intervalo médio de pedonos foi observado de 1,42 a 1,52 Mg m^{-3}. A ordem decrescente da densidade aparente foi observada como 1,52, 1,50, 1,46 e 1,42 Mg m^{-3} nos pedons 1, 2, 3 e 4. As camadas superficiais de todos os pedons indicaram uma densidade aparente mais baixa, que aumentou com a profundidade. A densidade aparente nos horizontes superficiais de todos os pedons variou dentro de uma faixa estreita de 1,31 a 1,36 Mg m^{-3}. As últimas camadas de todos os pedregulhos apresentaram uma densidade aparente elevada e observou-se uma tendência regular para o aumento.

4.2.3 Densidade das partículas (PD)

Os dados sobre a densidade das partículas apresentados no quadro 4 indicam que a densidade global das partículas nos pedregulhos variou entre 2,30 e 2,55 Mg m^{-3}. A densidade de partículas mais baixa foi obtida na camada superficial do pedon 2, enquanto a mais alta foi obtida no último horizonte do pedon 3, mas, em geral, os solos superficiais de todos os pedons apresentaram valores mais baixos de densidade de partículas, que aumentaram constantemente até às últimas camadas.

4.3 Propriedades químicas

As amostras de solo de cada horizonte de cada pedon foram analisadas quanto ao pH, CE, $CaCO_3$, carbono orgânico, CEC e catiões permutáveis. Os dados relativos a estes parâmetros químicos são apresentados no quadro 5.

4.3.1 Reação do solo (pH)

A gama global de pH em vários horizontes dos pedons do solo foi observada entre 6,9 e 7,9 e, assim, todos os perfis (exceto o horizonte Bss2 do pedon 3) apresentaram valores de pH superiores a 7,0. Não foi observada nenhuma tendência de aumento ou diminuição dos valores de pH com a profundidade nos perfis do solo. Os valores de pH dos horizontes no pedon 1 variaram entre 7,3 (neutro) e 7,7 (ligeiramente alcalino) com um valor médio de 7,4 (ligeiramente alcalino). No caso do pedon 2, a reação do solo variou entre 7,3 (neutro) e 7,9 (moderadamente alcalino) com uma média de 7,5 (ligeiramente alcalino). Os valores mais elevados e mais baixos do pH do solo registaram-se nos horizontes Ap e C2, respetivamente. O valor do pH das diferentes camadas do pedon 3 variou entre 7,1 (neutro) e 7,9 (moderadamente alcalino) com uma média de 7,3 (neutro). Os valores mais altos e mais baixos de pH do solo foram observados nas profundidades entre 168 e 195 cm e 0-10 cm do perfil, respetivamente (Tabela 5). No pedongo 4, a reação do solo variou entre 7,3 (neutro) e 7,8 (ligeiramente alcalino), com um valor médio de 7,6 (ligeiramente alcalino). Os valores mais elevados e mais baixos do pH do solo registaram-se nos horizontes Ap e C1, respetivamente.

4.3.2 Condutividade eléctrica (CE)

Os resultados da condutividade eléctrica apresentados na tabela 5 indicam que todos os perfis de solo tinham uma CE inferior a 1,0 dSm^{-1} e a sua variação global foi de 0,03 a 0,57 dSm^{-1}. A CE das camadas superficiais variou de 0,03 a 0,19 dSm^{-1}. Não se observou uma tendência regular de aumento e diminuição dos valores de CE nos pedregulhos. A condutividade eléctrica do pedon 1 variou de 0,06 a 0,57 dSm^{-1} com um valor médio de 0,16 dSm^{-1}. Os valores mais altos e mais baixos foram observados nos horizontes Bw2, Bw1 e Bss1 (0,06 dSm^{-1}), respetivamente. A CE do pedon 2 variou entre 0,03 e 0,18 dSm^{-1} com um valor médio de 0,06 dSm^{-1}. O valor mais alto foi encontrado no horizonte C2 e o valor mais baixo no horizonte Ap. A CE dos pedons 3 foi encontrada entre 0,04 e 0,15 dSm^{-1} com um valor médio de 0,08 dSm^{-1}. O valor mais alto e o mais baixo foram encontrados nos horizontes C2, Bw1 e Bw2, respetivamente. A CE do pedon 4 variou entre 0,14 e 0,21 dSm^{-1} com um valor médio de 0,17 dSm^{-1}.

4.3.3 Carbonato de cálcio ($CaCO_3$)

A partir dos dados tabulados na tabela 5, verificou-se que o conteúdo de $CaCO_3$ nos horizontes de diferentes pedons da aldeia de Bheeta variou de 4,0 a 65,0 g kg^{-1}. Todos os perfis apresentaram uma tendência de aumento do teor de $CaCO_3$ com a profundidade. O teor de carbonato de cálcio do pedon 1 foi encontrado entre 9 e 62 g kg^{-1} com um valor médio de 25,28 g kg^{-1}. O maior teor de $CaCO_3$ foi observado no horizonte C, enquanto o menor foi observado no horizonte Ap. No caso do pedon 2, o $CaCO_3$ variou entre 6,0 e 50,0 g kg^{-1} com um valor médio de 19,0 g kg^{-1}. Os valores mais altos e mais baixos foram registados nos horizontes C2 e Ap, respetivamente. O valor do teor de $CaCO_3$ do pedon 3 foi de 4,0 a 60,0 g kg^{-1} com um valor médio de 22,28 g kg^{-1}. Os valores mais altos e mais baixos foram observados nos horizontes C2 e Ap, respetivamente. O conteúdo percentual de $CaCO_3$ no pedon 4 variou de 48,0 a 65,0 g kg^{-1} com uma média de 56,8 g kg^{-1}. Não foi observada uma variação sistemática no conteúdo de $CaCO_3$ com o aumento da profundidade ao longo do perfil. Os valores mais altos e mais baixos foram registados nos horizontes Bw2 e Ap, respetivamente.

4.3.4 Carbono orgânico (CO)

Os resultados do carbono orgânico apresentados no quadro 5 indicam que o teor de carbono orgânico nos solos de diferentes horizontes dos quatro pedregulhos varia entre 2,6 e 6,6 g kg^{-1}. Verificou-se que todos os pedregulhos continham uma percentagem mais elevada de carbono orgânico na camada superficial, com uma tendência regular para a diminuição ao longo do aumento da profundidade. O conteúdo de CO do pedon 1 variou de 2,6 a 4,0 g kg$^{(-1)}$ com um valor médio de 3,28 g kg^{-1}. O valor mais alto foi observado no horizonte Ap, enquanto o valor mais baixo ocorreu no horizonte C (122-150 cm). O pedon 2 apresentou o conteúdo de carbono orgânico de 3,1 a 6,6 g kg^{-1} com um valor médio de 5,32 g kg^{-1}. O valor mais alto de carbono orgânico foi encontrado no horizonte Ap e o mais baixo no horizonte C2. O conteúdo de CO do pedon 3 variou de 2,9 a 4,5 g kg^{-1} com um valor médio de 3,6 g kg^{-1}. Os valores mais altos e mais baixos de carbono orgânico foram encontrados nos horizontes Ap e C2, respetivamente. O conteúdo orgânico diminuiu com a profundidade até 68 cm. No caso do pedon 4, o CO variou de 2,9 a 5,0 g kg^{-1} com um valor médio de 4,02 g kg^{-1}. Os valores mais altos e mais baixos foram encontrados nos horizontes Ap e C2, respetivamente. 4.3.5 Capacidade de troca catiónica (CEC).Os dados da capacidade de troca catiónica presentes nos locais de troca do complexo argiloso em vários horizontes dos pedons de solo da aldeia de Bheeta são apresentados na tabela 5. A CEC dos pedons 1 e 2 variou entre 35,60 e 44,82 e 35,72 e 47,28 cmol (p^+) kg^{-1}, respetivamente. Os valores mais altos e mais baixos foram encontrados nos horizontes Bw1 e C (pedon 1) e nos horizontes Bss2 e C2 (pedon 2), respetivamente. A CEC do pedon 3 variou de 25,13 a 46,17 cmol (p^+) kg^{-1}. Os valores mais altos e mais baixos foram encontrados nos horizontes Bss2 e C2, respetivamente. No caso do pedon 4, a CTC variou de 18,22 a 32,73 cmol (p^+)kg^{-1} com os valores mais altos e mais baixos ocorrendo nos horizontes Bw2 e C2, respetivamente. A CTC aumentou com o aumento da profundidade até 42 cm e depois diminuiu nos horizontes inferiores.

4.3.6 Catiões permutáveis

Pedon 1, mostrou o Ca trocável^{++} variando de 22,66 (horizonte C) a 29,23 (horizonte Bw2) cmol (p^+) kg^{-1}, também não mostrou nenhuma mudança sistemática com a profundidade. O Mg permutável^{++} variou de 9,73 a 13,14 cmol (p^+) kg^{-1}. Os valores mais elevados de Ca^{++} e Mg^{++} foram encontrados nos horizontes Bw2 e Bw1, respetivamente. Na trocável$^+$ e K$^+$ variando de 0,65 a 0,78 e de 0,41 a 0,54 cmol (p^+) kg^{-1} foram encontrados os mais altos nos horizontes C e Bss1, respetivamente. No caso do pedon 2, o Ca permutável$^+$ e o Mg^{++} variaram entre 23,57 e 30,20 e 8,85 e 13,89 cmol (p^+) kg^{-1}, respetivamente, com tendência a aumentar com a profundidade até 44 cm. Os valores mais altos de Ca^{++} e Mg^{++} foram encontrados nos horizontes Bss1 e BC, respetivamente. O Na+ trocável [0,48 a 0,79 cmol (p^+) kg^{-1}] e o K$^+$ [0,43 a 0,71 cmol (p^+) kg^{-1}] apresentaram os seus valores mais elevados no horizonte Bss1 do perfil. Na+ e K+ aumentaram até uma profundidade de 44 cm, mas depois mostraram uma tendência decrescente nos horizontes inferiores.

Quadro 5: Propriedades químicas dos diferentes pedregulhos

Horizon	Depth (cm)	pH (1:2.5)	EC (dSm^{-1})	CaCO$_3$ (g kg^{-1})	OC (g kg^{-1})	CEC [cmol(p$^+$)kg^{-1}]	Exchangeable cations [cmol(p$^+$) kg^{-1}]			
							Ca^{++}	Mg^{++}	Na$^+$	K$^+$
Pedon-1										
Ap	0-10	7.4	0.12	9.0	4.0	39.65	26.00	11.06	0.65	0.41
Bw1	10-31	7.3	0.06	12.0	3.8	44.82	28.77	13.14	0.68	0.51
Bw2	31-50	7.5	0.57	15.0	3.5	43.94	29.23	11.14	0.69	0.49
Bss1	50-77	7.5	0.06	17.0	3.3	44.01	28.65	12.94	0.75	0.51
Bss2	77-101	7.5	0.09	20.0	3.0	43.34	29.10	12.07	0.66	0.50
BC	101-122	7.5	0.13	42.0	2.8	37.28	24.18	11.13	0.68	0.53
C	122-150	7.7	0.14	62.0	2.6	35.60	22.66	9.73	0.78	0.52
Mean	-	7.4	0.16	25.2	3.2	41.23	26.94	11.63	0.69	0.50

Pedon-2										
Ap	0-5	7.3	0.03	6.0	6.6	44.67	28.91	10.96	0.67	0.57
AB	5-20	7.7	0.05	10.0	6.5	44.50	29.57	11.04	0.71	0.62
Bw	20-38	7.5	0.04	12.0	6.3	65.62	29.87	12.20	0.75	0.66
Bss1	38-44	7.6	0.04	14.0	6.2	46.32	30.20	13.40	0.79	0.71
Bss2	44-114	7.6	0.05	15.0	5.8	47.28	29.94	12.84	0.77	0.69
BC	114-143	7.5	0.08	20.0	4.5	46.16	28.81	13.89	0.76	0.68
Cw1	143-172	7.6	0.05	25.0	3.6	44.63	27.94	11.42	0.70	0.65
Cw2	172-190	7.9	0.18	50.0	3.1	35.72	23.57	8.85	0.48	0.43
Mean	-	**7.5**	**0.06**	**19.0**	**5.3**	**44.36**	**28.59**	**11.92**	**0.70**	**0.62**
Pedon-3										
Ap	0-10	7.1	0.14	4.0	4.5	43.22	28.12	11.23	0.64	0.53
Bw1	10-28	7.4	0.04	5.0	4.0	42.72	27.96	10.97	0.65	0.56
Bw2	28-68	7.5	0.04	10.0	3.6	43.18	28.86	11.14	0.64	0.57
Bss1	68-92	7.1	0.11	13.0	3.4	43.05	28.26	12.54	0.63	0.54
Bss2	92-136	6.9	0.06	14.0	3.5	46.17	29.58	13.23	0.72	0.62
C1	136-168	7.6	0.05	50.0	3.3	37.43	23.82	10.75	0.68	0.48
C2	168-195	7.9	0.15	60.0	2.9	25.13	16.17	5.64	0.44	0.30
Mean	-	**7.3**	**0.08**	**22.2**	**3.6**	**40.18**	**26.16**	**10.78**	**0.62**	**0.51**
Pedon-4										
Ap	0-16	7.3	0.19	48.0	5.0	29.32	21.20	6.40	0.61	0.30
Bw1	16-42	7.8	0.21	52.0	4.6	31.14	23.84	5.52	0.62	0.34
Bw2	42-90	7.7	0.19	65.0	4.0	32.73	22.72	7.14	0.45	0.56
C1	90-138	7.8	0.14	60.0	3.6	20.52	14.67	4.06	0.40	0.42
C2	138-160	7.7	0.15	59.0	2.9	18.22	11.50	3.34	0.30	0.30
Mean	-	**7.6**	**0.17**	**56.0**	**4.0**	**26.38**	**18.78**	**5.29**	**0.47**	**0.38**
Overall mean		**7.5**	**0.12**	**30.1**	**4.0**	**38.03**	**25.10**	**9.88**	**0.62**	**0.50**

Ca trocável^{++} e Mg^{++} do pedon 3 variaram de 16,17 a 29,58 e de 5,64 a 13,23 cmol (p$^+$) kg^{-1} e também mostraram sua existência como os valores mais altos e mais baixos nos horizontes Bss2 e C2, respetivamente. O Na trocável$^+$ e o K$^+$ variaram entre 0,44 e 0,72 e 0,30 e 0,62 cmol (p$^+$) kg^{-1}, tendo-se verificado que os valores mais elevados se registaram nos horizontes Bss2 do perfil.

No caso do pedon 4, o Ca permutável^{++} e o Mg^{++} variaram entre 11,50 e 23,84 e de 3,34 a 7,14 cmol (p$^+$) kg^{-1} e mostraram o conteúdo máximo nos horizontes Bw1 e Bw2, respetivamente. Na trocável$^+$ e K$^+$ variando de 0,30 a 0,62 e de 0,30 a 0,56 cmol (p$^+$) kg^{-1} foram encontrados mais altos nos horizontes Bw1 e Bw2, respetivamente.

4.4 Estado de fertilidade dos solos

As amostras de cada horizonte de cada perfil de solo foram analisadas quanto à disponibilidade de NPKS e Zn. Os resultados analíticos obtidos são apresentados na tabela 6.

4.4.1 Azoto disponível (N)

O teor de azoto disponível era geralmente elevado na camada superficial, diminuindo com a profundidade e o teor mais baixo foi observado no horizonte C. O teor de azoto disponível no pedúnculo 1 variou de 122,85 a 189,00 kg ha^{-1} com um valor médio de 156,15 kg ha^{-1} (Quadro 6). O pedon 2 apresentou um teor de azoto disponível que variou de 148,05 a 258,30 kg ha^{-1} com uma média de 219,71 kg ha^{-1}. No caso do pedon 3, o teor de azoto disponível variou de 135,45 a 207,90 kg ha^{-1} com um valor médio de 169,65 kg ha^{-1}. O pedon 4 apresentou um teor de azoto disponível de 135,45 a 223,65 kg ha^{-1} com um valor médio de

185,85 kg ha^{-1}.

4.4.2 Fósforo disponível (P)

Os dados relativos ao fósforo disponível de cada pedregulho apresentados no quadro 6 indicam que o fósforo disponível diminui com a profundidade dos horizontes superiores para os inferiores em cada pedregulho. Em todos os pedregulhos, os valores mais altos e mais baixos de P disponível foram encontrados nos horizontes Ap e C, respetivamente. O fósforo disponível no pedon 1 variou de 1,30 a 11,20 kg ha^{-1} com um valor médio de 6,64 kg ha^{-1}. O teor de fósforo disponível no pedon 2 variou de 1,10 a 8,00 kg ha^{-1} com uma média de 4,36 kg ha^{-1}. No caso do pedon 3, o teor de fósforo disponível variou de 1,23 a 8,30 kg ha^{-1} com um valor médio de 4,64 kg ha^{-1}. O pedon 4 apresentou um teor de fósforo disponível de 1,21 a 11,10 kg ha^{-1} com uma média de 5,34 kg ha^{-1}.

4.4.3 Potássio disponível (K)

O potássio disponível no pedon 1 variou de 663,75 a 753,75 kg ha^{-1} com um valor médio de 707,92 kg ha^{-1}. Os valores mais altos e mais baixos foram registados nos horizontes Ap e Bss1, respetivamente. Diminuiu com a profundidade até 77 cm e voltou a aumentar nos horizontes inferiores. Os valores do teor de potássio disponível no pedon 2 variaram de 607,50 a 922,50 kg ha^{-1}, com uma média de 728 kg ha^{-1}. Os valores mais altos e mais baixos foram encontrados nos horizontes BC e AB, respetivamente. Diminuiu com a profundidade até 38 cm e depois aumentou no horizonte B, seguido de um ganho e depois diminuiu nos horizontes inferiores. No pedon 3, o teor de potássio disponível variou de 663 a 945 kg ha^{-1} com um valor médio de 780 kg ha^{-1}. O potássio disponível foi mais elevado no horizonte superficial e diminuiu na camada inferior do solo, aumentando depois gradualmente no horizonte B. O teor mínimo de potássio disponível estava presente no horizonte C2. No caso do pedon 4, o teor de potássio disponível variou de 562 a 708 kg ha^{-1}. Os valores mais altos e mais baixos foram encontrados nos horizontes Ap e Bw1, respetivamente. A distribuição do K disponível neste pedon foi irregular.

4.4.4 Enxofre disponível (S)

O teor de S disponível era geralmente elevado nas camadas superficiais de todos os pedregulhos. A quantidade diminuiu nos horizontes inferiores. O teor de S disponível no pedon 1 variou entre 3,2 e 3,8 mg kg^{-1} com um valor médio de 3,55 mg kg^{-1}. Os valores mais altos e mais baixos foram registados nos horizontes Ap e C, respetivamente. O teor de água diminuiu com a profundidade ao longo do perfil. No caso do pedon 2, o teor de S disponível variou de 3,8 a 4,5 mg kg^{-1} com uma média de 4,28 mg kg^{-1}. Os valores do teor de S disponível no pedon 3 variaram entre um intervalo estreito de 8,5 a 9,0 mg kg^{-1} e os valores mais elevados e mais baixos foram observados nos horizontes Ap e C1, respetivamente. No entanto, os teores de S disponível permaneceram mais ou menos iguais nos horizontes. O Pedon 4 mostrou que o teor de enxofre disponível variou apenas de 3,75 a 4,60 mg kg^{-1} com uma média de 4,23 mg kg^{-1}. Os valores mais altos e mais baixos foram encontrados nos horizontes Ap e C2, respetivamente. **4.4.5 Zinco disponível (Zn)**

Em geral, o Zn disponível em todos os perfis mostrou que a maior quantidade estava presente nas camadas superficiais e diminuiu nos horizontes inferiores. O Zn disponível no pedon 1 variou de 0,18 a 0,52 mg kg^{-1} com um valor médio de 0,29 mg kg^{-1}. Os valores mais altos e mais baixos foram registados nos horizontes Ap e C, respetivamente. O valor de Z diminuiu com a profundidade dos horizontes superiores para os inferiores do perfil e registou-se uma diminuição significativa abaixo dos 31 cm. O Pedon 2 mostrou que o Zn disponível variou de 0,30 a 0,72 mg kg⁻¹ com uma média de 0,56 mg kg⁻¹. Este valor diminuiu regularmente com a profundidade. No caso do pedon 3, o Zn disponível variou de 0,48 a 0,62 mg kg⁻¹ com um valor médio de 0,56 mg kg⁻¹. Os valores mais altos e mais baixos foram observados nos horizontes Ap e Bss2, respetivamente. Diminuiu com a profundidade até 136 cm e depois aumentou nos horizontes inferiores do perfil. Os valores de Zn disponível no pedon 4 variaram de 0,18 a 0,60 mg kg⁻¹ com uma média de 0,38 mg kg⁻¹. O teor mais elevado de Zn disponível na camada superficial diminuiu significativamente no horizonte seguinte.

Quadro 6: Teor de nutrientes disponíveis em diferentes pedregulhos

| Horizon | Depth (cm) | Available Nutrients (kg ha⁻¹) | | | Av. S | Av. Zn |
		N	P	K	(mg kg⁻¹)	
Pedon-1						
Ap	0-10	189.00	11.20	753.75	3.8	0.52
Bw1	10-31	179.55	11.00	708.75	3.6	0.45
Bw2	31-50	166.95	10.50	697.50	3.6	0.26
Bss1	50-77	157.50	6.50	663.75	3.5	0.26
Bss2	77-101	144.90	4.20	701.25	3.8	0.22
BC	101-122	132.30	1.80	710.00	3.4	0.20
C	122-150	122.85	1.30	720.50	3.2	0.18
Mean	-	**156.15**	**6.64**	**707.92**	**3.5**	**0.29**
Pedon-2						
Ap	0-5	258.30	8.00	855.00	4.5	0.70
AB	5-20	255.15	7.50	607.50	4.4	0.72
Bw	20-38	242.55	7.40	608.50	4.3	0.66
Bss1	38-44	239.40	4.50	653.75	4.4	0.60
Bss2	44-114	236.25	3.20	721.25	4.4	0.56
BC	114-143	207.90	1.80	922.50	4.3	0.52
Cw1	143-172	170.10	1.40	803.75	4.2	0.48
Cw2	172-190	148.05	1.10	655.0	3.8	0.30
Mean	-	**219.71**	**4.36**	**728.40**	**4.2**	**0.56**
Pedon-3						
Ap	0-10	207.90	8.30	945.00	9.0	0.62
Bw1	10-28	189.00	8.10	731.25	8.9	0.60
Bw2	28-68	170.10	6.40	733.75	8.9	0.56
Bss1	68-92	160.65	4.32	768.25	8.9	0.52
Bss2	92-136	166.95	2.43	844.00	8.6	0.48
C1	136-168	157.50	1.75	775.75	8.5	0.56
C2	168-195	135.45	1.23	663.75	8.5	0.59
Mean	-	**169.65**	**4.64**	**780.25**	**8.7**	**0.56**
Pedon-4						
Ap	0-16	223.65	11.10	708.75	4.6	0.60
Bw1	16-42	211.05	8.30	562.50	4.5	0.18
Bw2	42-90	189.00	4.23	708.75	4.4	0.28
C1	90-138	170.10	1.90	686.25	3.8	0.58
C2	138-160	135.45	1.21	797.50	3.7	0.26
Mean	-	**185.85**	**5.34**	**672.75**	**4.2**	**0.38**
Overall mean		**182.84**	**5.24**	**722.33**	**5.2**	**0.45**

4.5 Propriedades físicas, químicas e estado de fertilidade das amostras de solo à superfície (0 a 15 cm)

Foram determinadas as propriedades físicas e químicas como pH, CE, $CaCO_3$, carbono orgânico, CEC, catiões permutáveis e estado de fertilidade das amostras de superfície (0-15 cm), recolhidas no local onde ocorreram as variações de textura e declive. Os dados relativos a estas propriedades são apresentados nos quadros 7, 8 e 9.

Os dados apresentados no quadro 7 indicam que a textura dos solos superficiais da aldeia de Bheeta variava entre argila e franco-argilosa, com predomínio da argila.

A densidade aparente variou de 1,29 a 1,42 $Mg\ m^{-3}$ e a densidade das partículas de 2,29 a 2,41 $Mg\ m^{-3}$. Os valores mais elevados de densidade aparente e densidade de partículas foram encontrados no campo n.º 188 e no campo n.º 99, respetivamente. O pH do solo variou de 6,6 (ligeiramente ácido) a 7,9 (moderadamente alcalino) com um valor médio de 7,2 (neutro). O valor da condutividade eléctrica variou de 0,04 a 0,16 dSm^{-1} com uma média de 15,33 $g\ kg^{-1}$. O teor de carbono orgânico variou de 3,2 a 7,3 gkg^{-1} com uma média de 4,8 $g\ kg^{-1}$. A CEC variou de 27,41 a 42,93 $cmol(p^+)\ kg^{-1}$ com uma média de 37,18 $cmol(p^+)kg^{-1}$ de solo. O Ca trocável^{++} e o Mg^+ estavam presentes entre 18,04 e 28,61 e entre 5,53 e 12,06 $cmol(p^+)kg^{-1}$ com um valor médio de 24,52 e 9,79 $cmol(p^+)kg^{-1}$, respetivamente. Enquanto os teores de Na^+ e K^+ variaram de 0,53 a 0,66 e 0,37 a 0,67 $cmol(p^+)\ kg^{-1}$ com uma média de 0,60 e 0,53 $cmol(p^+)\ kg^{-1}$, respetivamente. Os dados de azoto disponível variaram de 151,20 a 270,90 $kg\ ha^{-1}$ com um valor médio de 213,10 $kg\ ha^{-1}$. O P disponível variou de 8,0 a 11,2 $kg\ ha^{-1}$ com uma média de 9,04 $kg\ ha^{-1}$. O potássio disponível variou de 495 a 945 $kg\ ha^{-1}$ com um valor médio de 727,87 $kg\ ha^{-1}$. O teor de S disponível variou de 3,1 a 18,0 $mg\ kg^{-1}$ com uma média de 6,24 $mg\ kg^{-1}$ e o zinco disponível variou de 0,50 a 10,8 $mg\ kg^{-1}$ com um valor médio de 0,78 $mg\ kg^{-1}$ (Quadro 9).

Quadro 7: Propriedades físicas das amostras de solo à superfície (0 a 15 cm)

S. No.	Field No.	Surface sample No.	Sand (%)	Silt (%)	Clay (%)	Soil texture (USDA)	Bulk density (Mgm^{-3})	Particle density (Mgm^{-3})
1.	74	S20	29.75	21.65	46.60	c	1.34	2.30
2.	11	S3	28.40	23.85	47.75	c	1.31	2.32
3.	20	S5	30.75	19.20	50.05	c	1.33	2.34
4.	86	S6	28.76	24.52	46.72	c	1.35	2.34
5.	140	S1	33.42	22.04	44.54	c	1.36	2.36
6.	180	S2	39.65	22.70	37.65	cl	1.40	2.38
7.	188	S4	38.81	22.94	38.25	cl	1.42	2.39
8.	171	S7	37.35	22.68	39.97	cl	1.40	2.36
9.	30	S8	29.62	24.15	46.23	c	1.33	2.32
10.	41	S9	28.94	22.42	48.14	c	1.29	2.30
11.	176	S10	38.24	2.80	38.96	cl	1.41	2.35
12.	25	S11	30.72	19.70	49.58	c	1.35	2.34
13.	59	S12	30.21	22.62	47.17	c	1.36	2.33
14.	100	S13	29.10	22.30	48.60	c	1.32	2.32
15.	54	S14	30.25	20.40	49.35	c	1.31	2.30
16.	153	S15	37.52	22.70	39.78	cl	1.33	2.33
17.	99	S16	27.95	23.30	48.75	c	1.35	2.41
18.	82	S17	28.60	24.45	46.95	c	1.35	2.36
19.	194	S18	38.71	21.84	39.45	cl	1.37	2.32
20.	108	S19	29.25	22.85	47.90	c	1.31	2.37
Mean			**32.30**	**22.48**	**45.12**	-	**1.34**	**2.34**

Quadro 8: Propriedades químicas das amostras de solo à superfície (0 a 15 cm)

S. No.	Field No.	Surface sample No.	pH (1:2.5)	EC (1:2.5) (dSm^{-1})	CaCO$_3$ (g kg^{-1})	OC (g kg^{-1})	CEC [cmol(p$^+$)kg^{-1}]	Exchangeable cations [cmol(p$^+$)kg^{-1}]			
								Ca^{++}	Mg^{++}	Na$^+$	K$^+$
1.	74	S20	7.2	0.04	5.1	4.3	41.07	26.70	11.76	0.64	0.58
2.	11	S3	6.5	0.05	6.2	5.0	40.34	26.67	11.14	0.64	0.47
3.	20	S5	7.1	0.05	7.0	7.3	42.93	26.58	12.06	0.65	0.60
4.	86	S6	7.1	0.14	6.5	4.2	40.11	26.94	10.65	0.56	0.43
5.	140	S1	7.4	0.05	8.0	4.0	39.65	26.00	11.06	0.63	0.45
6.	180	S2	7.3	0.16	37.0	6.5	27.41	18.04	5.53	0.53	0.39
7.	188	S4	7.9	0.16	35.0	3.2	28.05	19.38	5.62	0.61	0.38
8.	171	S7	7.5	0.13	36.7	4.0	29.21	19.48	6.78	0.57	0.50
9.	30	S8	6.7	0.12	7.5	4.0	39.74	26.12	10.83	0.59	0.49
10.	41	S9	6.8	0.04	6.5	6.5	41.05	26.73	11.17	0.63	0.49
11.	176	S10	7.9	0.14	38.3	4.3	28.74	21.20	6.55	0.62	0.37
12.	25	S11	6.5	0.04	6.1	5.0	42.12	26.12	11.87	0.64	0.52
13.	59	S12	7.1	0.19	5.7	4.2	40.20	25.96	11.64	0.58	0.63
14.	100	S13	7.1	0.14	6.8	4.5	41.00	27.18	11.14	0.64	0.63
15.	54	S14	7.0	0.05	5.7	6.5	42.06	28.61	10.36	0.66	0.67
16.	153	S15	7.8	0.13	25.6	4.3	29.14	19.34	6.62	0.58	0.62
17.	99	S16	7.1	0.15	7.0	5.2	41.14	27.43	11.50	0.62	0.65
18.	82	S17	6.5	0.06	8.0	4.0	40.07	25.85	11.58	0.59	0.63
19.	194	S18	7.9	0.14	41.0	4.0	28.87	20.23	6.44	0.58	0.57
20.	108	S19	7.3	0.06	7.0	5.2	40.77	25.87	11.64	0.62	0.64
Mean			7.2	0.10	15.3	4.8	37.18	24.52	9.79	0.60	0.53

Quadro 9: Nutrientes disponíveis nas amostras de solo à superfície (0 a 15 cm)

S. No.	Field No.	Surface sample No.	Av. N (kg ha^{-1})	Av. P (kg ha^{-1})	Av. K (kg ha^{-1})	Av. S (mg kg^{-1})	Av. Zn (mg kg^{-1})
1.	74	S20	223.65	8.3	776.25	3.6	0.59
2.	11	S3	223.65	8.0	776.25	17.0	1.02
3.	20	S5	270.90	8.2	955.00	3.6	1.02
4.	86	S6	195.30	8.8	720.00	3.9	0.81
5.	140	S1	189.00	11.2	753.75	3.8	0.52
6.	180	S2	255.15	11.2	573.75	3.5	0.72
7.	188	S4	151.20	8.0	652.50	3.1	0.70
8.	171	S7	189.00	9.6	562.50	5.3	0.74
9.	30	S8	189.00	8.8	776.25	18.0	0.86
10.	41	S9	255.15	9.6	821.25	4.2	1.02
11.	176	S10	207.90	11.1	596.25	4.0	0.64
12.	25	S11	223.65	9.3	798.75	15.7	0.76
13.	59	S12	195.30	8.5	855.00	3.0	0.78
14.	100	S13	207.90	8.3	675.00	8.7	0.60
15.	54	S14	255.15	8.0	866.25	4.0	0.70
16.	153	S15	198.65	10.2	855.00	3.2	1.06
17.	99	S16	226.80	8.4	663.75	8.7	0.86
18.	82	S17	89.00	8.4	708.75	4.0	0.50
19.	194	S18	189.00	8.2	495.00	3.0	0.70
20.	108	S19	226.80	8.8	686.25	8.7	1.08
Mean			**213.10**	**9.0**	**727.87**	**6.4**	**0.78**

CAPÍTULO 5

Discussão

A presente investigação foi efectuada em solos da aldeia de Bheeta, no distrito de Jabalpur, para estudar as suas caraterísticas no que diz respeito às propriedades morfológicas, físicas e químicas de diferentes pedregulhos. As amostras de solo à superfície foram analisadas em relação a diferentes valores de ensaios de solo. Os resultados relativos a vários parâmetros foram apresentados no capítulo anterior e são discutidos e interpretados à luz da literatura disponível nas secções e subsecções seguintes.

5.1 Caraterísticas morfológicas

As caraterísticas morfológicas diferenciadoras de vários pedons são apresentadas no quadro 3.

5.1.1 Profundidade do solum

O solum, em palavras simples, é considerado como um solo genético ou verdadeiro que é desenvolvido por forças formadoras de solo. A profundidade do solum dos solos em estudo varia entre 90 e 143 cm. Os pedons 1, 2 e 3, que apresentam uma profundidade de sola superior a um metro, são classificados como profundos de acordo com a classificação de profundidade (Soil Survey Staff, 1994), enquanto o pedon 4 tem uma profundidade de sola inferior a um metro e é classificado como moderadamente profundo de acordo com a classe de profundidade sugerida por Tamgadge et al. (1999).

5.1.2 Cor do solo

A cor é a propriedade que primeiro chama a atenção, porque está relacionada com a quantidade de matéria orgânica, a composição mineral do material de origem, etc. A cor do solo do pedon 1 em condições secas variou de castanho (10 YR 4/3) a castanho escuro (10 YR 3/3), enquanto no caso do pedon 2 a cor diferiu de castanho acinzentado escuro (10 YR 4/2) a castanho acinzentado muito escuro (10 YR 3/2) e castanho amarelado escuro (10 YR 4/4). De acordo com Gawande e Biswas (1977), o Vertic Ustochrept tem uma cor castanha acinzentada escura (10 YR 3/2) e o Typic Heplusterts uma cor castanha acinzentada muito escura (10 YR 3/2) a castanha muito escura (10 YR 2/2) em condições húmidas. Resultados semelhantes foram registados por Paranjape et al. (1997) em solos negros profundos do distrito de Wardha, em Maharashtra. No caso do pedon 3, a cor variou de castanho-acinzentado escuro (10 YR 4/2) a castanho-amarelado (10 YR 5/4). Enquanto a cor do pedon 4 variou de castanho amarelado (10 YR 5/4) a castanho amarelado claro (10 YR 6/4). Pagare (1982) também observou cores semelhantes nos solos da fazenda JNKVV, Jabalpur.

5.1.3 Estrutura do solo

A estrutura do solo é estritamente um termo de campo, descritivo da agregação ou arranjo bruto e global dos sólidos do solo. No caso do pedon 1, a estrutura em blocos subangulares foi observada nos horizontes Ap, BC e C e a estrutura em blocos angulares nos restantes horizontes (Bw1, Bw2, Bss1 e Bss2). O grau e a dimensão da estrutura do solo variaram de fraco fino a forte grosseiro. Este pedon apresentou uma estrutura moderada de blocos angulares grosseiros abaixo da camada superficial. De acordo com Gawande e Biswas (1977), a estrutura de Ustorthents, Ustochrepts e Haplusterts tinha uma estrutura fina a grosseira, moderada a forte, de blocos subangulares a blocos angulares para o horizonte A. Isto pode dever-se à presença de uma elevada percentagem de solos com uma estrutura de blocos subangulares. Este facto pode dever-se à presença de um elevado teor de argila. O tipo de estrutura do solo é importante para o movimento da água através do perfil. O Pedon 2 apresentou uma estrutura granular a subangular fina e em blocos à superfície, mas tendeu a apresentar uma estrutura subangular grosseira e em blocos angulares forte a moderada e média, e nos horizontes inferiores era maciça. Estruturas semelhantes foram também encontradas por Dudal (1965). No caso do pedon 3, a estrutura era granular, com blocos finos a subangulares fracos a blocos subangulares grosseiros fortes e estrutura de blocos angulares no horizonte A, estrutura prismática de blocos angulares grosseiros fortes no horizonte B e estrutura de blocos angulares médios moderados a subangulares no horizonte C. Resultados semelhantes foram observados por Patil et al. (1999) em Vertisols do distrito de Akola. No Pedon 4, o horizonte superficial apresentava uma estrutura de blocos subangulares finos grangulares a fracos e em todos os outros horizontes a estrutura era de blocos subangulares médios moderados.

5.1.4 Slickensides

Os slickensides são superfícies polidas e estriadas produzidas por deslizamento em massa. Os estudos morfológicos indicam que não foram observados slickensides no pedon 4. Mas nos pedons 1, 2 e 3 foram observadas faces de pressão brilhantes com alguns slickensides não intersectados entre 38-172 cm de profundidade. Slickensides suficientemente próximos para se intersectarem foram obviamente observados nos horizontes Bss2, Bss1 e Bss2 dos pedons 1, 2 e 3, respetivamente. Kachoui et al. (1992) também referiram que alguns solos negros do distrito de Narsinghpur apresentavam slickensides e paralelepípedos que se intersectavam. Da mesma forma, Patil et al. (1999) observaram a presença de slickensides em horizontes subsuperficiais de solos negros classificados como Vertisols.

5.1.5 Consistência do solo

A consistência do material do solo em cada horizonte tem uma influência definitiva em várias caraterísticas físicas do solo. É principalmente determinada pela presença de humidade, teor de argila e compactação. No pedon 1, a consistência foi observada muito dura, firme, pegajosa e pastosa até 122 cm. Mais tarde, no horizonte inferior, foi observada como dura, friável, ligeiramente pegajosa e ligeiramente plástica em condições secas, húmidas e molhadas em todo o pedon, respetivamente. Gawande e Biswas (1977) relataram uma consistência semelhante para um horizonte de Cromusterts.

A consistência foi verificada como macia a ligeiramente dura, firme, pegajosa e plástica até ao horizonte AB no pedon 2 e depois nos horizontes inferiores como dura, firme a friável, ligeiramente pegajosa a pegajosa e ligeiramente plástica a plástica em condições secas, húmidas e molhadas, respetivamente. No caso do pedon 3, a consistência do solo era plástica até 168 cm e depois no horizonte inferior (C2) era ligeiramente dura, friável, ligeiramente pegajosa e ligeiramente plástica em condições secas, húmidas e molhadas, respetivamente. Surekha et al. (1997) descreveram a consistência de solos negros profundos de Andhra Pradesh de forma semelhante.

O pedon 4 apresentou uma consistência do solo de ligeiramente dura a dura, friável, ligeiramente pegajosa e ligeiramente plástica até 90 cm e, mais tarde, nos horizontes inferiores, verificou-se que era macia, friável, ligeiramente pegajosa e ligeiramente plástica em condições secas, húmidas e molhadas em todo o pedon, respetivamente.

5.1.6 Distribuição das raízes

Nos horizontes superficiais de todos os pedonais foram observadas raízes abundantes. Isso pode ser devido à concentração de raízes de plantas na superfície. Poucas e finas raízes foram também observadas em horizontes mais profundos dos pedons 1, 2 e 3. Da mesma forma, Paranjape et al. (1997) registaram poucas e finas raízes no horizonte inferior de solos negros profundos de Maharashtra. No caso do pedon 4, foram observadas muito poucas raízes finas e finas a muitas finas a poucas finas no horizonte inferior. Observações semelhantes foram feitas por Chinchmalatpura et al. (1998) nos horizontes inferiores de Haplusterts Typic.

5.1.7 Concreção/Calcretos

Foram observadas poucas e finas a médias concreções de ferro-manganês até 77 cm de profundidade, mas mais tarde, nos horizontes inferiores, foram também observados poucos e comuns calcretos finos a médios. Resultados semelhantes foram registados por Gawande e Biswas (1977) para Haplustersts. No caso do pedon 2, foram encontradas poucas e finas a médias concreções de ferro-manganês até 20 cm de profundidade, e poucas concreções finas de ferro-manganês entre 20 e 172 cm de profundidade, mas estavam ausentes no horizonte BC. Os calcretos também foram observados no horizonte C2. Foram observadas poucas e finas concreções de ferro-manganês até 92 cm de profundidade. No horizonte C foram observados concreções comuns e finas. As concreções de ferro-manganês no pedon 2 foram encontradas em maior quantidade em comparação com o pedon 3. No caso do pedon 4, foram observados poucos e finos nódulos semelhantes no horizonte Ap e muitos nódulos médios de calcário no horizonte B. Os resultados foram apoiados por Bhattacharjee et al. (1977). Mais tarde, nos horizontes inferiores, foram observadas poucas e finas concreções de cal.

5.1.8 Efervescência

A efervescência observada nos pedons com tratamento com HCl diluído é indicativa da presença de carbonato e é uma medida indireta da reação do solo. No caso do pedon 1, observou-se uma ligeira efervescência nos horizontes Bss2 e BC e uma forte efervescência no horizonte C. A efervescência forte a violenta foi observada no horizonte C do pedon 3. Paramasivam e Gopalswamy (1993) também observaram uma efervescência violenta no horizonte C dos Cromustos Típicos da área de comando do projeto Bhavani inferior, Tamil Nadu. Uma ligeira efervescência em nódulos revestidos de carbonato (localizada) foi observada com HCl diluído a uma profundidade de até 42 cm no pedon 4. Os resultados também foram apoiados por Krishnamoorthy e Govindarajan (1977) que observaram efervescência semelhante em pedons derivados de gnaisse granítico. Foi observada uma forte efervescência no horizonte inferior Bw2 e uma efervescência violenta no horizonte C do pedon 4. De acordo com Patil et al., (1999) Vertic Ustrochrept tem uma efervescência ligeira no horizonte A, uma efervescência forte no horizonte B e uma efervescência violenta no horizonte C.

5.2 Propriedades físicas

5.2.1 Textura do solo (análise granulométrica)

A textura do solo é uma das caraterísticas mais importantes dos perfis do solo e as variações de textura de horizonte para horizonte podem ser utilizadas para decifrar a história pedogénica e geológica de um solo.

A textura superficial do solo na aldeia de Bheeta foi observada através do método do tato durante o percurso e depois confirmada em laboratório através da análise granulométrica. Os resultados da distribuição granulométrica do solo, apresentados no quadro 4, indicam que, no caso dos pedonais 1, 2 e 3, a classe textural variava entre argila e franco-argilosa. Surekha et al., (1997) observaram que os solos negros profundos de Andhra Pradesh eram de textura argilosa e franco-argilosa. A argila foi considerada a fração dominante em relação a outros tipos de solo. A presença de uma maior quantidade de argila na superfície e no subsolo pode dever-se à sua mistura através do processo de agitação, que ocorre sobretudo devido à natureza de contração e dilatação da argila. Nestes solos, uma parte do material do sub horizonte torna-se superfície e a superfície torna-se sub solo. Este processo de agitação foi muito mais proeminente no caso dos pedonais 1, 2 e 3. É óbvio que a maior quantidade de argila (53,34%) foi observada no pedon 2.

A textura do pedon 4 variou de franco-argilosa a franco-argilosa arenosa. A fração argilosa era dominante nos horizontes Ap, Bw1 e Bw2, enquanto nos horizontes inferiores tendia a diminuir, mas o teor de areia aumentava, o que pode dever-se à natureza estratificada do material de origem (aluvião).

5.2.2 Densidade a granel (BD)

A densidade aparente é uma medida de peso em que todo o volume do solo é tomado em consideração. A densidade aparente é determinada pela quantidade de espaços porosos, bem como pelos sólidos do solo. Assim, os solos soltos e porosos terão um peso baixo por unidade de volume e vice-versa.

A densidade aparente variou de 1,31 a 1,61 Mgm^{-3} com uma média geral de 1,47 Mgm^{-3} nos solos em estudo (Quadro 4). A baixa densidade aparente foi encontrada na superfície de todos os pedons e tendeu a aumentar com o aumento da profundidade, atingindo o máximo no último horizonte. Resultados semelhantes foram também registados por Daji (1980) e Kachoui (1985). A densidade aparente mais baixa no horizonte superficial pode ser devida a um teor comparativamente mais elevado de matéria orgânica.

5.2.3 Densidade das partículas (PD)

A densidade das partículas, que diz respeito apenas às partículas sólidas, variou entre 2,30 e 2,55 Mgm^{-3} com uma média global de 2,43 Mgm^{-3}. De um modo geral, todos os pedregulhos apresentaram valores baixos de densidade de partículas nos seus horizontes superficiais, seguidos de um aumento constante até às últimas camadas. Os valores mais baixos da densidade de partículas nos horizontes superficiais podem dever-se à acumulação de matéria orgânica. Daji (1980) salientou que a adição de matéria orgânica a um solo tende a diminuir a sua densidade de partículas.

5.3 Propriedades químicas

5.3.1 Reação do solo (pH)

O pH do solo desempenha um papel muito importante no agrupamento dos solos em classes normais e problemáticas e ajuda a identificar o papel do clima e da topografia. Tem também um efeito direto nas actividades microbiológicas e na regulação da disponibilidade e absorção de nutrientes pelas plantas.

A reação do solo de todas as amostras de solo colhidas à superfície, bem como de diferentes horizontes dos pedregulhos em estudo, variou de neutra (pH 6,5) a moderadamente alcalina (pH 7,9), com um pH médio global de 7,5 (quadro 5). Assim, os solos da aldeia de Bheeta, no seu conjunto, apresentavam uma reação neutra a ligeiramente alcalina e, por conseguinte, eram normais para todas as culturas. Murthy et al., (1982) também referiram que o pH dos Vertisols e solos associados variava entre 7,5 e 8,6. **5.3.2 Condutividade eléctrica (CE)**

O estudo da natureza e da quantidade de sais solúveis nos solos é de importância primordial na investigação dos solos, uma vez que estes limitam a produção das culturas quando presentes em quantidades anormais. Em geral, a condutividade eléctrica inferior a 1 dSm^{-1} é considerada normal e é segura para a produção agrícola. Os sais solúveis são medidos em termos de condutividade eléctrica da suspensão do solo. A condutividade eléctrica dos solos na aldeia de Bheeta era inferior a 1,0 dSm^{-1} a 25^{0}C. Raghuwanshi et al., (1992) também observaram que em solos negros de Jabalpur variava de 0,2 a 0,5 (<1,0) dSm^{-1} a 25^{0}C. Os dados apresentados no quadro 5 indicam que não se verificou qualquer tendência de CE nos pedregulhos, mas a CE dos horizontes superficiais foi geralmente mais elevada do que a dos horizontes inferiores, o que pode dever-se ao movimento ascendente da água capilar e à consequente acumulação na superfície durante a evaporação da humidade. A baixa CE nestes pedregulhos pode dever-se à precipitação moderada a elevada recebida e à existência de um lençol freático profundo.

5.3.3 Carbonato de cálcio (CaCO3)

O carbonato de cálcio desempenha um papel importante na determinação do estado de base, do pH, dos sais solúveis totais e do estado de drenagem dos solos, pelo que é essencial estudar o seu teor e distribuição nos pedregulhos. O teor de carbonato de cálcio em todos os solos variou de 4,0 a 65,0 g kg^{-1} com uma média geral de 30,19 g kg^{-1}. O teor mais elevado de carbonato de cálcio (65,0 g kg^{-1}) foi observado nos horizontes do pedon 4. No caso deste pedúnculo, o carbonato de cálcio aumentou com o aumento da profundidade e concentrou-se nos horizontes inferiores (Figura 5). Estes resultados corroboram as opiniões de Singh et al. (1995). No caso dos outros pedons (2, 3 e 4), o teor de carbonato de cálcio também aumentou com o aumento da profundidade. Tendências semelhantes foram observadas por Chinchmalatpure et al., (1998) e Prasad e Gajbhiye (1999).

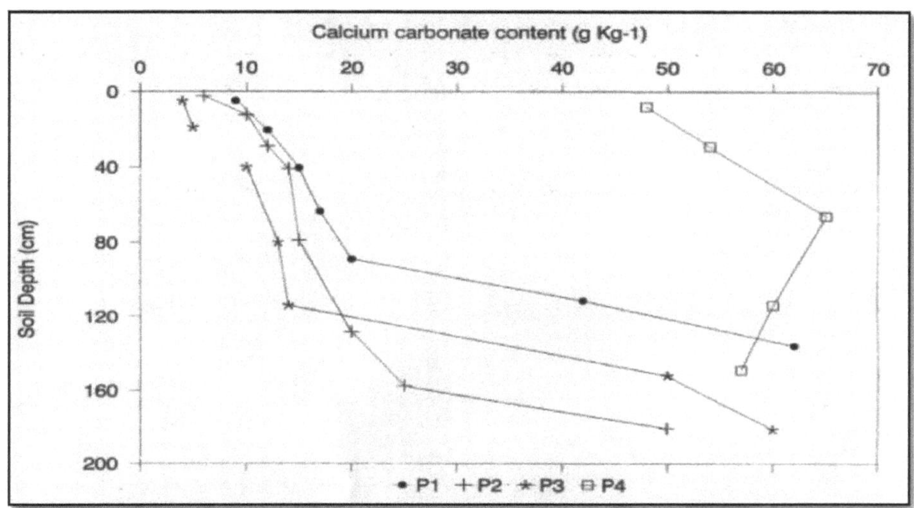

Figura 5: Distribuição do carbonato de cálcio em função da profundidade

5.3.4 Carbono orgânico (Org. C.)

O teor de CO indica a quantidade de matéria orgânica presente nos solos, o que reflecte o efeito da vegetação na génese do solo. Em geral, diminui com o aumento da profundidade, uma vez que a maior parte da matéria orgânica é incorporada na camada superior do solo devido à elevada concentração de raízes e outros resíduos vegetais à superfície e à adição de estrume. O teor de CO nas amostras de solo à superfície variou de 2,6 a 7,3 g kg^{-1}. O teor de CO nos horizontes variou entre 2,6 no horizonte C do pedon 1 e 6,6 g kg^{-1} no horizonte Ap do pedon 2, com uma média global de 4,05 g kg^{-1}. O carbono orgânico como um todo tendeu a diminuir com a profundidade (Figura 6). Kachoui et al., (1992) também relataram que

O teor de matéria orgânica dos solos negros do distrito de Narsinghpur variava entre 3,3 e 5,3 g kg^{-1}. Este teor diminuiu com o aumento da profundidade. Deshmukh e Bapat (1993) encontraram uma tendência semelhante de carbono orgânico com a profundidade em solos de Raisen (M.P.).

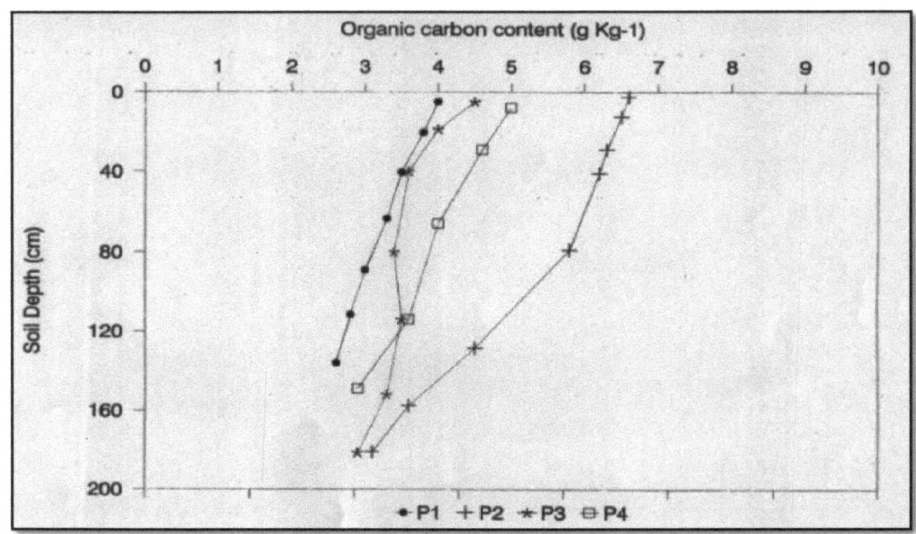

Figura 6: Distribuição do carbono orgânico em função da profundidade 5.3.5

Capacidade de troca catiónica e catiões permutáveis

A troca catiónica é uma capacidade comum e uma propriedade química muito importante e a sua variação no solo indica as fases de meteorização. A CTC aumentou com o aumento da profundidade na maioria dos perfis, até ao horizonte do subsolo, onde a acumulação de argila foi mais elevada (Figura 7). Raychaudhuri et al., (1963) também referiram que a CTC dos solos negros da Índia, derivados de rochas basálticas, aumentava com o teor de argila.

A CEC mais elevada [47,28 cmol (p+) kg^{-1}] pode dever-se à elevada quantidade de argila no horizonte Bss2 do pedon 2. O valor mais baixo de CEC [18,22 cmol (p+) kg^{-1}], existente no horizonte C2 do pedon 4, pode ser devido à baixa quantidade de argila (53,34%). Entre os vários catiões permutáveis, o ião cálcio foi predominante e o seu conteúdo variou de 11,50 a 30,20 cmol (p+) kg^{-1} nos pedons 4 e 2, respetivamente. Os valores de iões de cálcio mostraram variação entre horizontes nos diferentes perfis de solo. Também se observou que aumentou em todos os pedons com a profundidade até ao subsolo e apresentou quantidades mais elevadas em todos os pedons. Kulkarni et al. (1986) também registaram resultados semelhantes. Em geral, a quantidade de Mg^{2+} permutável foi menor do que a de Ca^{2+} permutável em todos os pedons. O Mg^{2+} permutável variou de

3.34 a 13,89 cmol (p+) kg^{-1} e foi observado maior no pedon 2 (Tabela 5). O cálcio e o magnésio foram os catiões dominantes que aumentaram com a profundidade até aos horizontes do subsolo na maioria dos pedons. Subhash e Manickam (1992) também referiram o cálcio e o magnésio como os catiões dominantes em Vertisols. O K trocável[+] e o Na[+] variaram de 0,30 a 0,71 e de 0,30 a 0,79 cmol (p+) kg^{-1}, respetivamente. Foi observado que o potássio e o sódio permutáveis não variaram muito com a profundidade. As quantidades destes catiões permaneceram dentro dos limites normais em todos os pedregulhos.

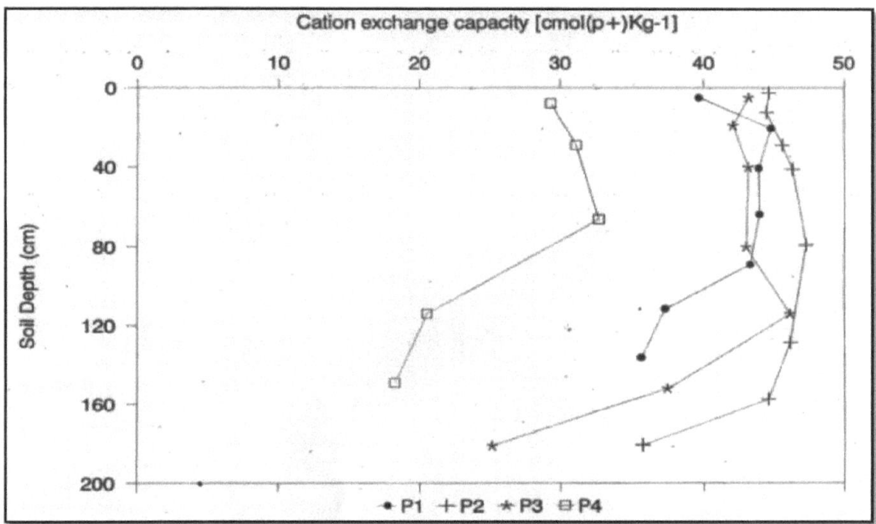

Figura 7: Relação da capacidade de troca catiónica com a profundidade

5.4 Estado de fertilidade
5.4.1 Azoto disponível (N)

O estado do azoto disponível em todas as amostras de solo era baixo, variando de 122,85 a 258,30 kg ha^{-1} com uma média geral de 182,84 kg ha^{-1}. Considerando a classificação de fertilidade baixa (<250 kg ha$^{-1)}$, média (250 a 400 kg ha^{-1}) e alta (>400 kg ha^{-1}), todos os pedons tinham azoto disponível muito baixo a baixo. Mas no pedon 2 o seu estado era de categoria baixa a média. Em geral, todos os pedons continham a quantidade máxima de azoto disponível nos seus horizontes superficiais e diminuíam regularmente com a profundidade. A presença de uma baixa quantidade de azoto nos solos pode dever-se à sua remoção pelas culturas, à sua transformação em azoto elementar, etc. Kachoui (1985) também referiu que o teor de azoto disponível era baixo nos solos negros do distrito de Narsinghpur. Padmaja et al. (1993) e Walia et al. (1998) constataram um declínio gradual do teor de azoto disponível com a profundidade.

5.4.2 Fósforo disponível (P)

O fósforo disponível em todas as amostras de solo da superfície variou de 8,0 a 11,2 kg ha^{-1}. Considerando a classificação da fertilidade como baixa (<10 kg ha^{-1}), média (10 a 20 kg ha^{-1}) e alta (>20 kg ha^{-1}), a camada superficial dos pedons 1 e 4 apresentou quantidade média de fósforo disponível, enquanto seu conteúdo foi baixo na camada superficial dos pedons 2 e 3. Em geral, todos os pedons continham a quantidade máxima de fósforo disponível nos seus horizontes superficiais e o conteúdo diminuía regularmente com a profundidade (Figura 8). Resultados semelhantes foram também registados por Padmaja et al., (1993) em Vertisols dos distritos de Nalgenda e Mahaboobnagar de Andhra Pradesh. De acordo com Coulombe et al., (1996) a diminuição da disponibilidade de fósforo pode dever-se ao padrão de distribuição da matéria orgânica, ao tipo e à origem do material de origem.

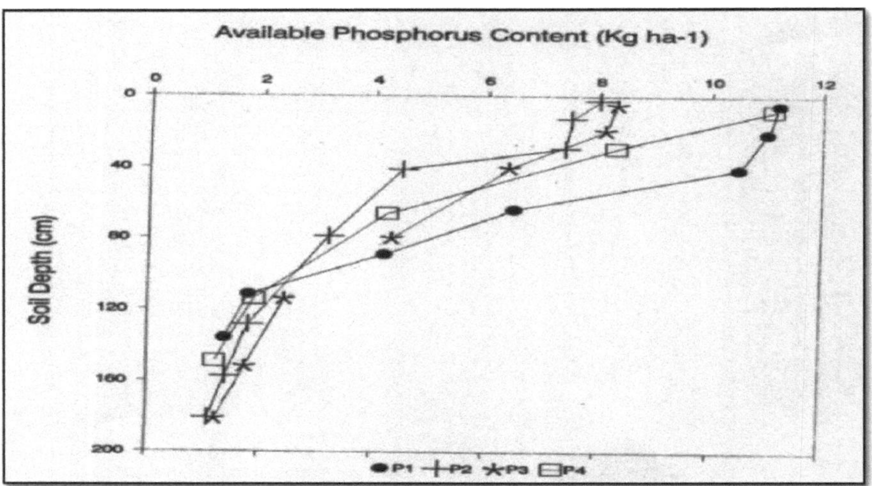

Figura 8: Distribuição do fósforo disponível em função da profundidade

5.4.3 Potássio disponível (K)

O potássio disponível nos solos superficiais da aldeia de Bheeta variou de 562,50 a 945,00 kg ha⁻¹. O teor de potássio disponível nos horizontes superficiais variou de 708,75 a 945,00 kg ha⁻¹. Em termos de estado de fertilidade, observou-se que todos os pedons continham alto nível de potássio disponível. As camadas superficiais dos pedons 1, 3 e 4 continham a maior quantidade de potássio disponível do que os horizontes inferiores (Figura 9). Resultados semelhantes foram também encontrados por Kachoui (1985).

A maior concentração de potássio disponível no horizonte superficial em comparação com o horizonte sub-superficial pode dever-se à ação das raízes das plantas no transporte de potássio para a superfície (Black, 1968) e também à adição de matéria orgânica e à presença de resíduos de culturas. De acordo com Mishra e Srivastava (1991), o K disponível tem uma correlação positiva com o teor de carbono orgânico, a CE e a CEC.

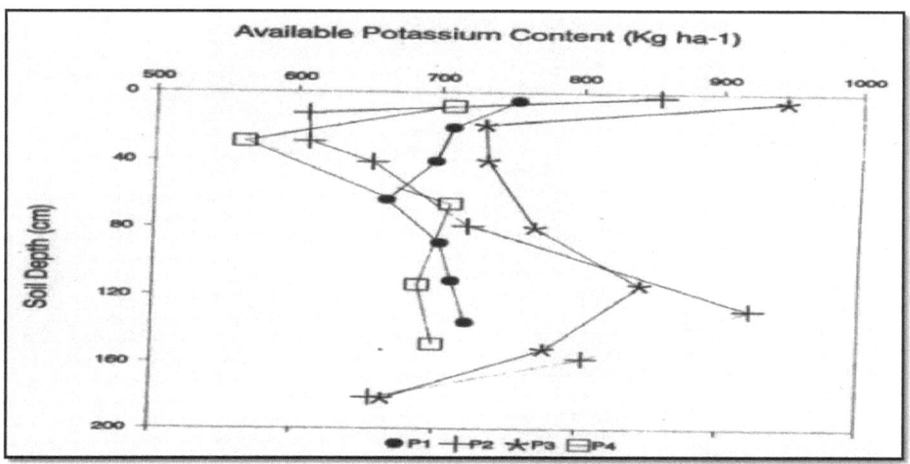

Figura 9: Distribuição do potássio disponível em função da profundidade 5.4.4 Enxofre disponível (S)

O S disponível nos solos superficiais (0-15 cm) variou de 3,1 a 18,0 mg kg^{-1}. O teor de S disponível nos horizontes superficiais variou de 3,8 a 9,0 mg kg^{-1}. Em termos de estado de fertilidade, observou-se que todos os pedons continham baixa quantidade de S disponível. O conteúdo de S disponível diminuiu com o aumento da profundidade em todos os pedons. Aggarwal e Nayyar (1998) registaram uma tendência semelhante de S disponível com a profundidade. A concentração mais elevada de S disponível nas camadas superiores do solo pode dever-se aos resíduos orgânicos das culturas ou à adição de adubos orgânicos e matéria orgânica Fink e Vekateshwarlu (1982).

5.4.5 Zine disponível (Zn)

O Zn disponível nos solos superficiais variou de 0,52 a 1,08 mg kg^{-1}. Os pedons 1 e 4 tinham <0,5 mg kg^{-1} de Zn disponível, e os pedons 2 e 3 continham 0,50 a 0,75 mg kg^{-1}. O Zn disponível nas camadas superficiais variava de 0,52 a 0,70 mg kg^{-1}. Os pedons 1, 3 e 4 indicaram a presença de maior quantidade de Zn disponível nos seus horizontes superficiais (Figura 10). Isto pode dever-se a uma elevada atividade radicular e a um elevado teor de CO (Vittal e Gangwar, 1974). O Pedon 2 apresentou menos Zn disponível na superfície do que nas camadas sub-superficiais, o que pode ser devido ao escoamento superficial e à lixiviação para as camadas inferiores Diwakar e Singh (1995).

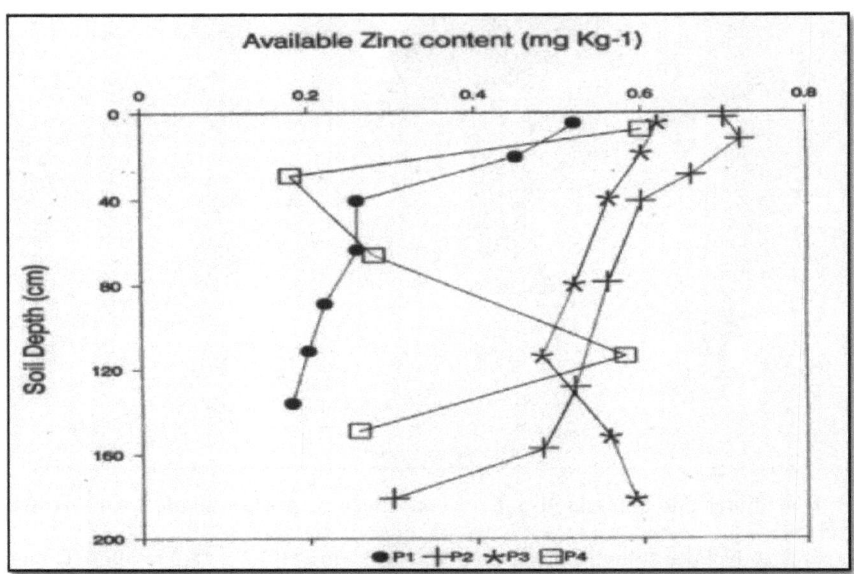

Figura 10: Distribuição do zinco disponível em função da profundidade

5.5 Unidades de mapeamento do solo

As unidades de mapeamento de campo, também designadas por unidades de mapeamento do solo, são as expressões simbólicas que são escritas no mapa da área, mostrando a natureza do solo e da terra de forma abrangente.

As unidades de cartografia dos solos foram fixadas após estudos morfológicos, físicos e químicos dos solos da aldeia de Bheeta. O novo padrão de unidades simbólicas de mapeamento do solo inclui um certo número de parâmetros morfológicos, físicos e químicos que são escritos separadamente na secção de controlo da série (SCS), na fase de superfície (SP) e na fase de substrato (SSP). As unidades de mapeamento do solo de acordo com os novos critérios são apresentadas no quadro 10.

Os pedons 1, 2 e 3 indicaram as mesmas caraterísticas em relação ao SCS e ao SP, mas variaram no caso do SSP. As caraterísticas foram textura fina (C), profundo (5), vertical (V) e moderadamente bem drenado (4) no caso do SCS e textura fina (C), quase nivelado (A), e ligeira erosão (e1) no caso do SP.

No que diz respeito ao SSP, o pedon 1 existia sob moderadamente fino (e), o pedon 2 sob fino (C) e o pedon 3 argiloso fino (m) com água subterrânea entre 50-100 cm de profundidade (w). O pedon 4 indicava moderadamente fino (E), médio (4), horizonte cambial (B), bem drenado (5) e ligeiramente calcário e a sua quantidade aumentava com a profundidade (c1) no caso do SCS; moderadamente fino (e), suavemente inclinado (C) e severo em erosão (e3) no caso do SP; e moderadamente fino argiloso (l) com água subterrânea entre 50-100 cm de profundidade (w) no caso do SSP.

Quadro 10 : Unidades de cartografia dos solos

Sr. No.	Pedon No.	Soil mapping unit			SMU No.
		SCS	SP	SSP	
1	P1	C5/V4	cAe1	eẅ	1
2	P2	C5/V4	cAe1	cẅ	2
3	P3	C5/V4	cAe1	mẅ	3
4	P4	E4/B5 (c1)	eCe3	lẅ	4
5	-- (Ravinous land)	L3/B5	1De4	lẅ	5

5.6 Classificação (Taxonomia) dos Solos

A taxonomia do solo é uma classificação do solo de acordo com a relação natural entre as caraterísticas do solo. Um solo é um produto do material de origem que foi alterado ao longo do tempo pelo clima e pelos organismos vivos e modificado pelo relevo. No entanto, a taxonomia diz respeito a estes factores naturais de formação do solo apenas na medida em que conferiram caraterísticas observáveis e mensuráveis ao solo. Com base nas caraterísticas morfológicas e nas análises laboratoriais apresentadas no capítulo anterior, os quatro pedregulhos de solo foram classificados até ao nível da família, de acordo com a taxonomia do solo (Soil Survey Staff 1975, 1992, 1994 e 1998). Estas classificações são apresentadas no quadro 11.

Quadro 11 : Classificação dos solos

Pedon	Order	S. Order	G. Group	S. Group	Family
P1	Vartisol	Ustert	Haplustert	Typic Haplustert	Fine, montmorillonitic. hyperthermic. Typic Haplustert
P2	Vartisol	Ustert	Haplustert	Typic Haplustert	Fine, montmorillonitic. hyperthermic. Typic Haplustert
P3	Vartisol	Ustert	Haplustert	Typic Haplustert	Fine. montmorillonitic. hyperthermic. Typic Haplustert
P4	Inceptisol	Ochrept	Ustept	Typic Haplustept	Fine, Mixed, hyperthermic, Typic Haplustept

O Pedon 1 (P1) apresentou

- O teor de argila na fase de substrato variou de 35 a 40 por cento.

- Presença de slickensides (~ 25 de espessura) que ocorreram na secção de controlo da série.

- Caraterísticas verticais.

- Textura argilosa do solo que prevaleceu ao longo do perfil.

- Presença de agregados estruturais paralelepipédicos que existiam num ângulo inclinado de 30^0 a 45^0 em relação ao plano horizontal.

- Por conseguinte, P1 foi classificado como Haplustert Típico.

O pedon 2 (P2) apresentou

- O teor de argila na fase de substrato variou de 41 a 60 por cento.

- As outras caraterísticas eram semelhantes às de P1.

- Por conseguinte, P2 foi também classificado como Haplustert Típico.

O Pedon 3 (P3) apresentou

- O teor de argila na fase de substrato variou de 27 a 35 por cento.

- As outras caraterísticas eram semelhantes às de P1.

- Por conseguinte, P3 foi também classificado como Haplustert Típico.

O Pedon 4 (P4) apresentou

- Horizonte B câmbico, mas não de forma a poder ser classificado como horizonte argílico.

- O carbono orgânico diminuiu regularmente com a profundidade.

- Um epipedon ócrico.

- Um regime de humidade do solo ústico.

- Textura franco-argilosa arenosa a franco-argilosa que prevaleceu ao longo do perfil.

- Por conseguinte, P4 foi classificado como Haplustept Típico.

A classificação dos solos da aldeia de Bheeta até ao nível da família é apresentada no quadro 11. Os solos foram classificados em 2 ordens, 2 subordens, 2 grandes grupos e 2 subgrupos.

5.7 Série de solos

A série de solos é a categoria mais baixa da taxonomia dos solos. É a unidade fundamental de classificação, bem como a unidade básica utilizada na maior parte da cartografia dos solos. Uma série de solos é um grupo de solos com horizontes semelhantes em termos de caraterísticas de diferenciação e disposições dentro da secção de controlo da série, com exceção das caraterísticas do solo superficial, e que se desenvolveram em materiais de origem semelhantes em ambientes climáticos e geomórficos comparáveis. Os pedons de solo estudados na aldeia de Bheeta foram agrupados em 2 séries de solo, nomeadamente Sihora e Kunda (Rahangdale e Dixit, 1986) e são apresentados no quadro 12.

Quadro 12: Séries de solos que ocorrem na aldeia de Bheeta

Soil Order	Pedon No.	Soil series	Approximate area (ha.) covered	Percent
Vertisol	P1	Sihora	222.57	48.08
	P2	Sihora		
	P3	Sihora		
Inceptisol	P4	Kunda	48.47	10.47

5.7.1 Série Sihora

O solo representado pelos pedons 1, 2 e 3 é conhecido localmente como Kabar. Ocorrem em terrenos suavemente inclinados a nivelados e estão, na sua maioria, cercados. Estes solos são maioritariamente castanhos acinzentados escuros a castanhos escuros e castanhos acinzentados muito escuros. Em termos de textura, estes solos são argilosos e franco-argilosos em todos os perfis. As estruturas são bem desenvolvidas em blocos subangulares e angulares. Os calcretos e as concreções de Fe-Mn estão presentes em todos os três perfis de solo. Os solos nos horizontes dos pedons 1, 2 e 3 são pegajosos e plásticos e ligeiramente pegajosos e plásticos. As fissuras aparecem sobretudo durante a estação seca. O pH do solo é neutro a ligeiramente alcalino e a CE é normal.

5.7.2 Série Kunda

Os solos representados pelo pedon 4 são moderadamente bem drenados a bem drenados. Ocorrem perto de nallah e de zonas fluviais afectadas por forte erosão. Os solos são moderadamente profundos a profundos em profundidade. A cor dos solos é castanho-acinzentado escuro, castanho-escuro e castanho-amarelado. Estes solos são maioritariamente de textura franco-argilosa a franco-argilosa arenosa.

A acumulação de argila foi observada em horizontes inferiores, mas a quantidade é tal que o horizonte pode ser designado como câmbico e não argílico. O horizonte câmbico é um horizonte de subsolo de areia muito fina, areia fina argilosa ou textura mais fina. A estrutura é fracamente desenvolvida em blocos subangulares, mas também se observa uma estrutura moderada em blocos subangulares médios abaixo das camadas superficiais. Os solos são ligeiramente alcalinos na reação do solo e normais na condutividade eléctrica. 5.8

Classificação da Irrigabilidade

A interpretação das condições do solo e da terra para a irrigação está principalmente relacionada com a previsão do comportamento dos solos sob o regime hídrico muito alterado provocado pela introdução da irrigação. Os factores considerados para a interpretação da aptidão da terra e do solo para a irrigação são a capacidade de retenção de humidade disponível, a profundidade efectiva de enraizamento e as caraterísticas de entrada de água. As unidades de solo identificadas na aldeia de Bheeta foram interpretadas quanto à sua aptidão para a irrigação.

5.8.1 Classificação da irrigabilidade do solo

As classes de irrigabilidade do solo são definidas em termos do grau de limitações do solo. Estas classes são estabelecidas sem ter em conta a disponibilidade de água de irrigação, a qualidade da água, os custos de preparação do terreno, a disponibilidade de saídas de drenagem e outros factores não relacionados com o solo. Os solos foram avaliados quanto à sua aptidão para a irrigação e foram classificados nas classes de irrigabilidade B, A e E (Quadro 13). Observou-se que os solos com classes de irrigabilidade B e A eram os mais dominantes, cobrindo uma grande área cultivada. A textura argilosa e a capacidade de retenção de água disponível, muitas vezes combinadas, podem criar problemas de drenagem, o que constitui uma limitação. A restante área da classe E não é irrigável.

Tabela 13. Classes de irrigabilidade do solo (SIC)

Pedon	Soil properties							Over all SIC
	Effective soil depth (Useful to crops)	Texture of surface 30 cm	Coarse fragme nts (> 75mm)	Available water Holding capacity to depth of 90 cm	Gravel and Kankar (> 25 to 75 mm)	Sali nity	Soil erosion status	
P1	A	B	A	B	A	A	A	B
P2	A	B	A	B	A	A	A	B
P3	A	B	A	B	A	A	A	B
P4	A	A	A	A	A	A	A	A
(Ravinous land)	E	A	C	E	C	A	C	E

5.8.2 Classes de irrigabilidade das terras

A estabilidade das terras para irrigação depende de factores físicos e socioeconómicos, para além da classe de irrigabilidade do solo. Entre as considerações mais importantes para decidir a aptidão de uma terra para irrigação estão (1) a qualidade e a quantidade de água (2) os requisitos de drenagem e (3) outras considerações económicas. A área da aldeia de Bheeta foi classificada em 2, 3 e 5 (Quadro 14) classes de irrigabilidade do solo apresentadas na figura 11. Verifica-se que as terras com classes de irrigabilidade 2 e 3 são as mais dominantes, cobrindo uma grande área cultivada. Os condicionalismos do solo (s) e a posição topográfica (t), muitas vezes em combinação, são as limitações. O resto da área sob a classe 5 é temporariamente não irrigável (não classificada).

Tabela 14. Classes de irrigabilidade das terras (LIC)

Pedon	Soil irrigability class	Slope	Outlets	Sub surface	Depth water table	Overall (LIC)
P1	B	1	2	2	1	2s
P2	B	1	2	3	1	3s
P3	B	1	2	2	1	2s
P4	A	3	1	1	1	3t
(Ravinous land)	E	5	-	-	-	5st

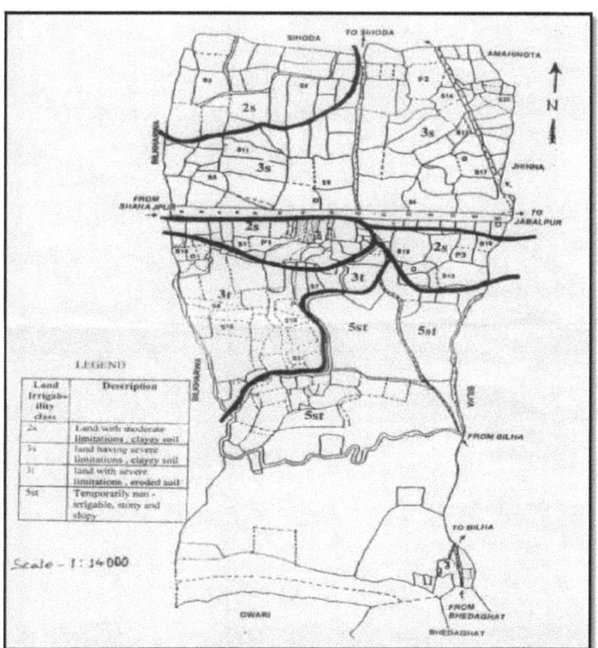

Figura 11: Classificação da irrigabilidade das terras

5.9 Classificação das capacidades terrestres

A classificação da aptidão das terras é um agrupamento interpretativo de solos baseado principalmente (I) nas caraterísticas inerentes ao solo, (II) nas caraterísticas externas das terras e (III) nos factores ambientais que limitam a utilização das terras. A informação sobre os dois primeiros itens é fornecida por um levantamento pormenorizado do solo. O levantamento científico e a classificação dos solos são os principais requisitos para agrupar os solos de acordo com a sua capacidade para utilizações de intensidade variável. O agrupamento da capacidade é, portanto, outro aspeto do trabalho de levantamento do solo e está intimamente relacionado com a correlação do solo. As unidades taxonómicas do solo, estabelecidas após estudos de campo e de laboratório e correlação, são as unidades de gestão finais que fornecem informações específicas sobre a capacidade do solo para responder à utilização, gestão e crescimento das plantas. A classificação das unidades de solo em grupos de capacidade permite obter uma imagem (1) dos riscos do solo para vários factores que causam danos, deterioração ou diminuição da fertilidade do solo e (2) da sua potencialidade para a produção. A capacidade de utilização das terras e a irrigabilidade da aldeia de Bheeta foram avaliadas de acordo com as normas existentes adoptadas no país. A área sob investigação foi classificada em quatro classes IIs1, IIs2, IIIe3 e VIs. Os resultados são apresentados no quadro 15 e na figura 12.

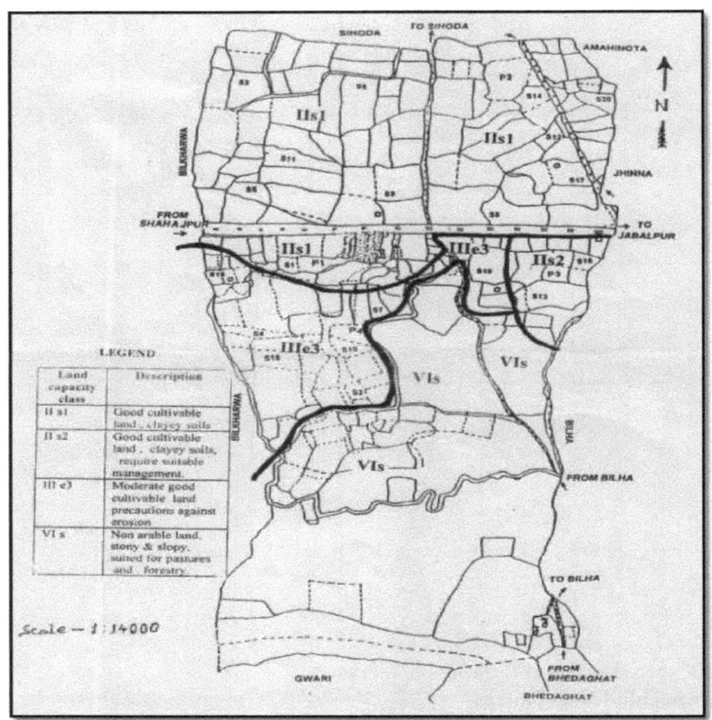

Figura 12: Classificação da capacidade das terras

Tabela 15. Classes de aptidão das terras (LCC)

Pedon	Depth	Slope	Erosion	Climate	Overall LCC	Land capability subclass (LCSC)	Land capability unit (LCU)
P1	II	I	I	II	II	IIs	IIs1
P2	II	I	I	II	II	IIs	IIs1
P3	II	I	I	II	II	IIs	IIs2
P4	III	III	III	II	III	IIIe	IIIe3
(Ravinous land)	VI	VI	VI	II	VI	VI	-

Verificou-se que as terras com classes de aptidão IIs1 e IIIe3 eram as mais dominantes, cobrindo uma grande área cultivada da aldeia. A textura argilosa, a profundidade do solo, a erosão, muitas vezes em combinação, são as limitações. A restante área da classe VIs não é adequada para a agricultura e deve ser utilizada para pastagens ou silvicultura.

Os solos objeto de investigação foram agrupados em 5 unidades de mapeamento do solo, que são apresentadas no quadro 16. O solo, de acordo com a sua aptidão para a irrigação, foi agrupado em três classes de irrigabilidade, ou seja, B, A e E. A área da aldeia de Bheeta foi classificada em 2, 3 e 5 classes de irrigabilidade do solo e em II, III e VI classes de aptidão do solo e o potencial de produção foi classificado de baixo a médio.

Tabela 16 : Unidades de mapeamento do solo, irrigabilidade do solo (SIC), irrigabilidade da terra (LIC) e classes de capacidade da terra (LCC).

Pedon	Soil mapping units			SIC	LIC	LCC	Production potential
	SCS	SP	SSP				
P1	C5/V4	cAe1	$e\overline{W}$	B	2	II	Medium
P2	C5/V4	cAe1	$c\overline{W}$	B	3	II	Medium
P3	C5/V4	cAe1	$m\overline{W}$	B	2	II	Medium
P4	E4/B5 (c1)	eCe3	$1\overline{W}$	A	3	III	Low
(Ravinous land)	L3/B5	1De4	$1\overline{W}$	E	5	VI	-

CAPÍTULO 6

Resumo e conclusões

As presentes investigações foram efectuadas para estudar os solos da aldeia de Bheeta, distrito de Jabalpur, Madhya Pradesh, Índia. Foram escavados quatro perfis representativos de diferentes solos da aldeia de Bheeta e estudadas as suas caraterísticas morfológicas, tendo sido recolhidas amostras de solo de diferentes horizontes para determinar as suas diferentes propriedades físicas e químicas e o seu estado de fertilidade. Os solos da zona foram identificados, cartografados e depois classificados de acordo com a taxonomia dos solos (1995 e 1994). Os solos foram agrupados em duas ordens de solos (Vertisol e Inceptisol) e foram classificados até ao nível de família de solos.

Excluindo a parte da ravina a sul da aldeia, toda a área cultivada é quase plana (exceto o pedon 4). Os pedons 1, 2 e 3 eram profundos (>1m) enquanto o pedon 4 era moderadamente profundo. A cor do pedon 1 em condições secas variava de castanho (10YR 4/3) a castanho escuro (10YR 3/3) e castanho amarelado, mas no caso do pedon 2 os valores de cor diferiam de castanho acinzentado escuro (10 YR 4/2) a castanho acinzentado muito escuro (10 YR 3/2) e castanho amarelado escuro (10 YR 4/4). No caso do pedon 3, a cor variou entre o castanho-acinzentado escuro (10 YR 4/2) e o castanho-amarelado (10 YR 5/4). No entanto, variou de castanho amarelado (10 YR 5/4) a castanho amarelado claro (10 YR 6/4) no caso do pedon 4. A cor uniforme até ao subsolo foi observada em quase todos os pedons, mudando depois para mais clara nos horizontes inferiores. A estrutura granular a subangular fina e fraca em blocos foi observada nos horizontes superficiais do solo de todos os pedons. A estrutura dos horizontes do subsolo dos pedregulhos 1, 2 e 3 foi observada como moderada a forte estrutura em blocos subangulares grosseiros e prismática, quebrando em forte estrutura em blocos angulares grosseiros. A estrutura do solo nos horizontes do subsolo do pedon 4 manteve-se moderada, com uma estrutura de blocos subangulares médios ao longo de todo o perfil.

Slickensides suficientemente próximos para se intersectarem foram vistos nos pedons 1, 2 e 3 entre 38 e 136 cm de profundidade. Os slickensides estavam ausentes no pedon 4. A consistência foi encontrada como ligeiramente dura a dura e muito dura, firme a friável e ligeiramente pegajosa e ligeiramente plástica a pegajosa e plástica. As camadas superficiais e subsuperficiais de todos os perfis mostraram a presença de muitas raízes finas. Foram observadas concreções de ferro-manganês em todos os pedons até ao horizonte Bss1, exceto no pedon 4. Os concretos foram observados nos horizontes inferiores dos pedons 1, 2 e 3, enquanto que no pedon 4 foram observados muitos concretos médios e poucos finos ao longo do perfil. No caso dos pedons 1, 2 e 3, foram observadas efervescências ligeiras a violentas nos horizontes C, no entanto, foram observadas efervescências ligeiras a fortes e violentas em todo o pedon 4. Entre as fracções granulométricas, a fração argilosa foi predominante nos pedons 1, 2 e 3, mas no pedon 4 a areia foi a fração principal. Todos os solos foram agrupados em duas classes texturais, nomeadamente argila e argila franca. A densidade aparente variou de 1,31 a 1,61 Mg m^{-3} e a densidade das partículas variou de 2,30 a 2,55 Mg m^{-3}. Os valores foram baixos nas camadas superficiais e depois aumentaram com a profundidade. O pH dos solos em estudo era maioritariamente neutro a moderadamente alcalino (6,5 a 7,9). A condutividade eléctrica, que é considerada como uma medida dos sais solúveis no solo, foi considerada normal, ou seja, inferior a 1 dSm^{-1}. O carbonato de cálcio variou de 4,0 a 65,0 g kg^{-1}, tendo o seu teor aumentado com a profundidade nos perfis. O padrão de distribuição do carbono orgânico em todos os pedons foi observado em ordem decrescente com a profundidade. A capacidade de troca catiônica (CEC) variou de 18,22 cmol (p^{+}) kg^{-1} no pedon 4 a 47,28 cmol (p^{+}) kg^{-1} no pedon 2. O Ca^{2+} e o Mg^{2+} trocáveis estavam em quantidades mais elevadas principalmente nos horizontes B, em comparação com os horizontes A e C. Na trocável^{+} e K^{+} foram encontrados em quantidades muito pequenas, variando de 0,30 a 0,79 e 0,30 a 0,71 cmol (p^{+}) kg^{-1} de solo, respetivamente.

Todos os solos apresentavam um teor baixo a médio de azoto disponível, que variava entre 122,85 e 258,30 kg ha^{-1}, enquanto que, no caso do fósforo disponível, os solos apresentavam um estado de fertilidade baixo a médio e variavam entre 1,10 e 11,2 kg ha^{-1}. Todos os solos continham uma quantidade elevada de potássio disponível, variando de 562,5 a 945,0 kg ha^{-1}. O teor de enxofre disponível era muito baixo a médio em todos os solos, variando de 3,1 a 18,0 mg kg^{-1}. O zinco disponível em todos os solos era deficiente a marginal no índice de fertilidade, variando de 0,18 a 0,72 mg kg^{-1}.

A extensão das séries de solos Sihora (pedon 1,2 e 3) e Kunda (pedon 4) foi de 48,08 (222,57 ha) e 10,47 (48,47 ha) por cêntimo, respetivamente, na aldeia de Bheeta. A área da aldeia de Bheeta foi classificada nas classes de irrigabilidade 2s, 3s, 3t e 5st. Verifica-se que as terras com classes de irrigabilidade 2s, 3s e 3t foram as mais dominantes. A área em estudo foi classificada em três classes de aptidão IIsl, IIs2, IIIe3 e Vis. As terras com classes de aptidão IIsl e IIIe3 foram as mais dominantes na área cultivada.

Conclusões

Com base nas caraterísticas morfológicas observadas no campo e nos estudos das propriedades físicas e químicas efectuados em laboratório, os pedons foram agrupados em duas séries de solos, nomeadamente Sihora e Kunda. Estes solos foram classificados de acordo com a chave de taxonomia dos solos. Os pedons 1, 2 e 3 foram colocados na família fina, montmorilonítica e hipertérmica de Haplusterts Typic, enquanto o pedon 4 foi colocado na família fina, mista e hipertérmica de Haplustept Typic.

O estado de fertilidade dos solos foi também avaliado. Verificou-se que os solos de superfície apresentavam um teor de azoto disponível baixo a médio. O fósforo também foi considerado baixo a médio e o potássio foi considerado elevado nestes solos. No que respeita ao enxofre disponível, este foi considerado muito baixo a médio em todos os solos. O zinco disponível foi considerado deficiente a marginal. A área sob investigação foi classificada nas classes de irrigabilidade dos solos 2s, 3s, 3t e 5st e nas classes de capacidade dos solos IIs1, IIs2, IIIe3 e VIs.

CAPÍTULO 7

REFERÊNCIAS

1. Aggrawal, V. e Nayyar, V.K.(1998). Estado do enxofre disponível no solo e nutrição de enxofre da cultura do trigo. J. Indian Soc. Soil Sci. 46:71-75.
2. Ahmad, N. (1983).Vertisol. In "Pedogénese e Taxonomia do Solo. II. The Soil orders" (L. P. Wilding, N. E. Smeck e G. F. Hall, Eds.), pp.91-123. Development in Soil Sci. 11B, Elsevier, Amesterdão, Países Baixos.
3. Bhargava, B.S. (1972).Relatório anual de progresso do esquema coordenado de experiências de fertilizantes a longo prazo. Relatório No.1.Deptt.Soil Sci. and Agril. Química, JNKVV, Jabalpur (M.P.)
4. Bhattacharjee, J.C., Landey, R. J. e Kalbande, A.R. (1977). A new approach in the study of Vertisol morphology. J. Indian Soc. Soil. Sci. 25:221-223.
5. Black, C.A. (1965). Methods of soil analysis. Parte I & II Agronomia série No. 9, Amer. Soc..of Agro. Inc. Madison, Wisconsion, U. S. A.
6. Black, C.A. (1968). Soil plant Relationships. Willey Eastern (Pvt.) Limited, Nova Deli.
7. Bouyoucos, G.J. (1.927). O hidrómetro como novo método para a análise mecânica dos solos. Soil Sci., 23: 343-353.
8. Bower, C.A., Reitimeir, R.F. e Fireman, M. (1952). Exchangeable cation analysis of saline and alkali soils (Análise de catiões permutáveis de solos salinos e alcalinos). Soil Sci. 73: 251-261.
9. Byju, G. (1996). Classificação de solos e avaliação de terras para transferência de agrotecnologia: A review. Agropedology.6(2):69-74.
10. Chinchmalatpure, A.R., Gowrisankar, D., Challa, O. e Sehgal, J. (1998).Adequação do solo ao local da micro-bacia hidrográfica de Wunna Catchment perto de Nagpur. J. Indian Soc. Soil Sci. 46:657-661.
11. Comerma, J.A., Williams, D. e Newman, A. (1988). Mudanças conceptuais na classificação dos Vertisols. Em "Vertisols: Their Distribution, properties, classification and management" (L.P. Wilding e R. Puentes, Eds.) pp. 41-54. Tech. Mono. No. 18, Texas A & M Printing Center, College Station, TX.
12. Coulombe, C.E., Dixon, J.B. e Wilding, L.P. (1996).Mineralogy and chemistry of Vertisols, In. "Vertisols and Vertisols Technology" (N. Ahmad e A.R. Mermut, Eds.).Elsevier, Amesterdão, Países Baixos.
13. Daji, J.A. (1980). A Text Book of Soil Science. Media Promoters and Publishers Pvt. Ltd. Bombaim.
14. Deshmukh, S.N. e Bapat, M.V. (1993). Caracterização e classificação de solos em relação a diferentes rochas-mãe e formas de terreno. J. Indian Soc. Soil Sci. 41:326-330.
15. Diwakar, D.P.S. and Singh, R.N. (1995).Micronutrientes em solos, argilas e concreções em Vertisols de Bihar.Agropedology,5:59-62.
16. Dudal, R.(Ed.) (1965). Dark Clay Soils of Tropical and Subtropical Regions. FAO Agricultural Development paper No. 83, Roma.

17. FAO (1976). Um quadro para a avaliação das terras. Bull. No. 32, FAO, Roma, 17.

18. Fink, A. e Venkateshwarlu, J. (1982). Vertisols and Rice soils of the Tropic. Symp. II 12th Inter. Cong. Soil Sci., Nova Deli.

19. Gawande, S.P. e Biswas, T.D. (1977). Caracterização e classificação de Black Soils desenvolvidos em basalto em relação ao micro relevo. J. Indian Soc. Soil Sci.25:233-238.

20. Gotoh, S.(1973).Processo de redução em solos com água, com especial referência à transformação de nitrato, manganês e ferro. Bull. Kyushi Agric. Exp. Stn. 16:669-714.

21. Johnson, L.J.(1979). Introductory soil science-A study guide and laboratory manual. Macmillan Publishing Co., Inc.USA. pp.69-71.

22. Kachoui, G.Y.(1985). Caracterização e classificação de solos negros do distrito de Narsinghpur em Madhya Pradesh. Tese, JNKVV, Jabalpur (M.P.).

23. Kachoui, G.Y.,Tembhare, B.R. and Gupta, G.P. (1992).Caracterização e classificação de alguns solos negros do distrito de Narsinghpur de Madhya Pradesh. JKKVV Res. J. 26:16-19.

24. Kanwar, J.S. e Chopra, C.L. (1984).Analytical Agricultural Chemistry. Kalyani, Publishers.

25. Kaushal, G.S., Tembhare, B.R. e Shina, S. B. (1986). Morfologia e taxonomia de solos negros no projeto de irrigação de Bargi em Madhya Pradesh. J. Indian Soc. Soil Sci. 34:329-333.

26. Khadse, G.K. e Gaikwad, S.T. (1995). Transferência de agrotecnologia baseada no solo - um estudo de caso. Agropedologia, 5:91-95.

27. Klingebiel, A.A. e Montgomery, P.H. (1961).land capability classification. USDA Handbook No. 210:4-21.

28. Krishna, P.G. e Perumal, S. (1948). Estrutura em solos de algodão preto da área do projeto Nizamsagar, Estado de Hyderabad, Índia. Soil Sci. 66: 29-38.

29. Krishnamoorthy, P. e Govindarajan, S.V. (1977).Génese e classificação de solos vermelhos e pretos associados no esquema de irrigação da divisão Rajolibunda (Andhra Pradesh).J. Indian Soc. Soil Sci.25:239-246.

30. Kulkarni, R., Gupta, G.P. and Bangar, K.S. (1986).A note on predicting management of Kheri and Adhartal series of soils. J. Indian Soc. Soil Sci. 34:641-643.

31. Lindsay, W.T. e Norval, W.A. (1978).Desenvolvimento do teste DTPA para Zn, Fe, Mo e Cu. Soil Sci. Soc. Am. J. 42 : 421: 428.

32. Mishra, M.K. e Srivastava, P.C. (1991). Distribuição em profundidade das formas de potássio em alguns perfis de solo de Garhwal Himalayas. J. Pot. Res. 7 (2): 75-84.

33. Muhr, G.R., Datta, N.P., Subbaramoney, H.S., Leley, V.K. e Donahue, R.L. (1963).Soil Testing in India. Asian Press, New Delhi.

34. Murthy, R.S., Bhattacharjee, J.C., Landey, R.J. e Pofali, R.M. (1982).Distribuição, caraterísticas e classificação de Vertisols. Vertisols and Rice Soils of the Tropics. 12th Int. Congresso de Ciências do Solo. Nova Deli. 3-22.

35. Naidu, L.G.K., Verma, K.S. and Jain, S.P. (1988).Soil family- A key unit in soil taxonomy for agricultural interpretations. J. Indian Soc. Sci. 36: 192-194.

36. Olsen, S.R., Cole, C.V., Watanabe, P.S. e Dean, L.A.(1954).Estimation of available P in soils by extraction with NaHCO3.USDA.Circ.939, citado por Black, C.A. (1965) em Methods of soil Analysis, ASA, Inc., Madison, Wisconsion. Madison, Wisconsion. pp. 1044-1047.

37. Padmaja, G., Raju, A.S. and Rao, K.V.S. (1993).Status e distribuição de enxofre em alguns pedons de Vertisols. J. Indian Soc. Soil Sci. 41:560-561.

38. Pagare, R.K. (1982). Caracterização, estado de fertilidade e classificação dos solos da quinta JNKVV, Jabalpur (M.P.), Tese de Mestrado, JNKVV, Jabalpur.

39. Paramasivam, P. e Gopalswamy, A.(1993). Caraterísticas e classificação de alguns solos da área de comando do projeto Bhavani inferior, Tamil Nadu. Agropedologia. 3:105-108.

40. Paranjape, M.V., Pal, D.K. and Deshpande, S.B. (1997).Genesis of nonvertic deep black soils in a basaltic landform of Maharashtra.J. Indian Soc. Soil Sci.45:174-180.

41. Patil, M.N., Khandare, N.C. e Puranik, R.B. (1999).Avaliação do desenvolvimento pedológico dos solos de Orange Garden do distrito de Akola através do sistema de classificação da morfologia do campo. J. Indian Soc. Soil Sci. 47: 180-182.

42. Piper, C.S. (1966).Soil and Plant Analysis Hons.Publishers, Bombay.

43. Prasad, J.e Gajbhiye, K.S. (1999). Distribuição vertical de catiões de micronutrientes em alguns perfis de Vertisol que ocorrem em diferentes ecoregiões. J. Indian Soc. Soil Sci. 47:151-153.

44. Raghuwanshi, D.P., Tembhare, B.R. and Gupta, G.P.(1992).Taxonomia de solos negros e associados de Jabalpur, Pawarkheda e Indore Research Farms of M.P. JNKVV Res. J. 26:12-14.

45. Rahangdale, S.R. e Dixit, D.P. (1986). Relatório detalhado do levantamento do solo da fase II do projeto Barghi (nova fase III) Tahsil-Patan (Jabalpur). Relatório n.º JBP/70.

46. Raychaudhuri, S.P., Roy, B.B., Gupta, S.P. e Diwan, M.L. (1963). Nisi monographs, Black Soils of India. Instituto Nacional de Ciências da Índia M-3.

47. Richards, L.A.(Ed.) (1954). Diagnosis and Improvement of saline and alkali soils (Diagnóstico e melhoramento de solos salinos e alcalinos). USDA Hand book 60. Washington, D.C.

48. Sawhney, J.S. and Kumar, Raj (1993).Caracterização e classificação de um solo argiloso grosseiro sob rotação arroz-trigo. Agropedologia, 3:109-112.

49. Sehgal, J.L. e Hirekerur, L.R.(1986). The soils of Mondha village (Nagpur) for agrotechnology transfer. Soil bulletin, 11, NBSS&LUP, Nagpur.

50. Simonson, R.W. (1954). Morfologia e classificação de Regur Soils of India. J. Soil Sci. 5: 275-288.

51. Singh, M.V. (1995). Investigação sobre o enxofre em Madhya Pradesh: uma visão geral. Fert. News. 40 (8): 37-44.

52. Singh, S.K., Das, K., Shyampura, R.L., Giri, J.D., Singh, R.S. e Sehgal, J.L.(1995). Genesis and Taxonomy of black soils from basalt and basaltic alluvium in Rajasthan. J. Indian Soc., Soil Sci. 43:430-436.

53. Soil Survey Staff (1975). "Soil Taxonomy. A Basis System of soil classification for

Making and interpreting Soil Surveys". USDA Hand Book No.436, Washington.

54. Soil Survey Staff (1990). "Keys to soil Taxonomy", quarta edição. SMSS Technical Monograph No.6, Pocahontas Press, Blacksburg, VA.

55. Soil Survey Staff (1992). "Keys to Soil Taxonomy", quinta Ed. SCS, SMSS Tech. Monograph No.19, Blacksburg, Virginia, Pocahontas Press, U.S.A.

56. Soil Survey Staff (1994).Soil Series of India. Gabinete Nacional de Levantamento do Solo e Planeamento da Utilização dos Solos, Nagpur NBSS pub.No.40.

57. Soil Survey Staff (1998). "Keys to Soil Taxonomy", Oito Ed. Departamento de Agricultura dos Estados Unidos, Serviço de Conservação dos Recursos Naturais, Washington.

58. Subbian B.V. and Asija, G.L. (1956).A rapid procedure for the estimation of available N in soil. Curr. Sci. 25:259:260

59. Subhash, G.V. e Manickam, T.S.(1992). Génese e morfologia de Vertisols desenvolvidos em diferentes materiais de origem. J. Indian Soc. soil Sci. 40:150-155.

60. Surekha, K., Subbarao, I.V., Rao, A.P. e Shantaram, M.V. (1997). Caracterização de alguns Vertisols de Andhra Pradesh. J. Indian Soc. Soil Sci. 45:338-343.

61. Takkar, P.N. (1982). Micronutrientes - Formas, teores, distribuição no perfil, índices de disponibilidade e métodos de ensaio do solo. Revisão da Investigação do Solo na Índia. Parte I, 361-391.

62. Tamgadge, D.B., Gaikawad, S.T. e Gajbhiye, K.S. (1999). Soils of Madhya Pradesh -II, Land use Capability, Cropping Systems and Soil degradation. J. Indian Soc. Soil Sci.47:114-118.

63. Vehkataraman, K.V. e Tejwani, K.C. (1962). Estudos sobre alguns perfis de solos negros que cultivam tabaco curado por combustão. J. Indian Soc. Soil Sci.10:187-196.

64. Verhey, W.V.(1991).Soil survey interpretation, land evaluation and land resource management. Agropedologia,1:17-32.

65. Vittal, K.P.R. e Gangwar, M.S. (1974). Zinco em perfis de solo de Nainital Tarai. J. Indian Soc. Soil Sci. 22:151-155.

66. Walia, C.S., Ahmad, N., Uppal, K.S. e Rao, Y.S. (1998).Distribuição do perfil de várias formas de azoto e relação C/N em algumas formas de relevo da região de Bundelkhand de Uttar Pradesh. J. Indian Soc. Soil Sci.46:193-198.

67. Walkley, A. e Black, C.A. (1934). Um exame do método Degtjareff para determinar a matéria orgânica do solo e proposta de modificação do método de titulação com ácido crómico. Soil Sci. 37:29-38.

yes **I want** morebooks!

Buy your books fast and straightforward online - at one of world's fastest growing online book stores! Environmentally sound due to Print-on-Demand technologies.

Buy your books online at
www.morebooks.shop

Compre os seus livros mais rápido e diretamente na internet, em uma das livrarias on-line com o maior crescimento no mundo! Produção que protege o meio ambiente através das tecnologias de impressão sob demanda.

Compre os seus livros on-line em
www.morebooks.shop

Printed by Books on Demand GmbH, Norderstedt / Germany